可见光通信创新实践

曲 晶 于大鹏 主编

国防工业出版社

·北京·

内 容 简 介

可见光通信技术是世界各国竞相角逐的下一代核心通信技术，具有显著的创新应用价值，应用前景广阔。本书聚焦可见光通信创新实践，分别用基础篇、创意篇、设计篇3个篇章，介绍可见光通信技术基础理论，展现获授权国家专利和不同类型竞赛参赛作品等可见光通信创新实践成果。本书是光通信领域的科普著作，可作为高等院校创新教育教材，也可供信息通信领域科研人员、工程技术人员以及高校师生阅读参考。

图书在版编目(CIP)数据

可见光通信创新实践/曲晶,于大鹏主编. —北京：国防工业出版社,2024.5
ISBN 978-7-118-13345-5

Ⅰ.①可… Ⅱ.①曲… ②于… Ⅲ.①光通信 Ⅳ.
①TN929.1

中国国家版本馆CIP数据核字(2024)第096992号

※

国防工业出版社出版发行
(北京市海淀区紫竹院南路23号　邮政编码100048)
北京虎彩文化传播有限公司印刷
新华书店经售

*

开本 710×1000　1/16　印张 14½　字数 256 千字
2024 年 5 月第 1 版第 1 次印刷　印数 1—1000 册　定价 128.00 元

(本书如有印装错误,我社负责调换)

国防书店：(010)88540777　　书店传真：(010)88540776
发行业务：(010)88540717　　发行传真：(010)88540762

本书编委会

主　编　曲　晶　于大鹏
副主编　侯毅刚　任嘉伟
编　委　尹廷钧　张　剑　王建辉
　　　　　　左　昱　辛　刚　王　成

前　　言

可见光通信是利用 LED 等光源在可见光频谱实现的信息传输技术,是典型的军民两用技术。与传统无线电通信相比,可见光通信拓展了频谱资源,传输速率高,安全性与私密性好,无电磁干扰和辐射,也无须频段许可授权,借助 LED 灯就可以低成本实现高速率无线绿色通信。在 2015 年被联合国定为"光和光基技术国际年"后,可见光通信技术的价值和应用潜力为更多人所熟知,成为世界各国竞相角逐的下一代核心通信技术。

2016 年,我们开设了《可见光通信创新实践设计》课程,在课程实施过程中,学生利用所学可见光通信基本原理开展创新实践,形成了一批发明创造和学科竞赛成果,我们遴选部分成果,形成了《可见光通信创新实践》一书。

本书共分为上中下三篇。上篇为基础篇,介绍可见光通信技术基础理论。中篇为创意篇,汇集了学生参与创新实践并获授权的国家专利。下篇为设计篇,展示了学生参加各类学科竞赛的参赛作品。

本书第 1、3、9 章由曲晶、侯毅刚、尹廷钧负责编写,第 2 章由张剑、左昱负责编写,第 5、6、7 章由曲晶、于大鹏、辛刚负责编写,第 4、8 章由王建辉、王成负责编写,第 10 章由任嘉伟负责编写。

由于准备仓促、作者水平有限,书中难免有不妥和错误之处,恳请读者批评指正,以利于我们今后不断改进和提升。

编者
2023 年 11 月

目　　录

基　础　篇

第1章　可见光通信概述 ……………………………………………… 3
1.1　基本组成和特点 ……………………………………………… 3
1.2　LED 光源 ……………………………………………………… 5
　　1.2.1　LED 光源及典型布局 …………………………………… 5
　　1.2.2　LED 驱动方式 …………………………………………… 7
　　1.2.3　压控电流源设计 ………………………………………… 7
　　1.2.4　LED 调制带宽 …………………………………………… 8
1.3　典型可见光室内信道 ………………………………………… 10
1.4　光电检测器 …………………………………………………… 13
　　1.4.1　光电二极管 ……………………………………………… 13
　　1.4.2　光电倍增管 ……………………………………………… 14
　　1.4.3　雪崩光电二极管 ………………………………………… 14
　　1.4.4　单光子雪崩二极管 ……………………………………… 15
　　1.4.5　多像素光子计数器 ……………………………………… 16
参考文献 …………………………………………………………… 17

第2章　可见光调光控制技术 ………………………………………… 19
2.1　可见光调光控制技术概述 …………………………………… 19
2.2　VLC 可调光系统模型 ………………………………………… 22
2.3　典型调光信号设计方案 ……………………………………… 24
　　2.3.1　逆源编码 ………………………………………………… 24
　　2.3.2　可变开关键控 …………………………………………… 24
　　2.3.3　可变脉冲位置调制 ……………………………………… 25
　　2.3.4　多脉冲位置调制 ………………………………………… 25
2.4　MIMO-VLC 可调光系统 ……………………………………… 26
2.5　多色 VLC 可调光系统 ………………………………………… 27

2.5 多色 VLC 可调光系统 ···································· 27
  2.5.1 多色 LED 色度学相关理论 ···················· 27
  2.5.2 多色 VLC 可调光系统模型 ···················· 28
参考文献 ·· 29

第 3 章 可见光通信高效传输技术 ·············· 33

3.1 可见光 MIMO 技术 ·· 33
  3.1.1 可见光 MIMO 技术的特点 ···················· 33
  3.1.2 系统模型 ·· 34
  3.1.3 典型调制方式 ····································· 36
3.2 可见光 OFDM 技术 ·· 37
  3.2.1 OFDM 技术特点 ·································· 37
  3.2.2 可见光 OFDM 特点 ····························· 38
  3.2.3 典型可见光 OFDM 技术 ······················· 39
3.3 可见光成像通信技术 ·· 45
  3.3.1 系统模型 ·· 46
  3.3.2 分集复用 ·· 48
参考文献 ·· 50

第 4 章 可见光定位技术 ···························· 53

4.1 基于接收信号能量检测的 VLC 定位方法 ············· 53
4.2 基于 LED 标签的 VLC 定位方法 ························ 56
4.3 基于图像传感器成像的 VLC 定位方法 ················ 57
4.4 基于航迹信息的动态定位方法 ··························· 58
  4.4.1 行进方向的判断 ·································· 59
  4.4.2 行进距离的判断 ·································· 60
  4.4.3 姿态估计的原理和实现 ························ 62
  4.4.4 基于旋转矩阵的动态姿态修正算法 ········ 64
参考文献 ·· 65

创 意 篇

第 5 章 万物互联 ······································ 69

5.1 通信装置及通信系统 ·· 69
  5.1.1 技术领域 ·· 69

    5.1.2　背景技术 ··· 69

    5.1.3　发明内容 ··· 69

    5.1.4　附图说明 ··· 70

    5.1.5　具体实施方式 ··· 73

  5.2　基于自然光的通信装置及方法 ··· 84

    5.2.1　技术领域 ··· 84

    5.2.2　背景技术 ··· 84

    5.2.3　发明内容 ··· 84

    5.2.4　附图说明 ··· 85

    5.2.5　具体实施方式 ··· 88

  5.3　波形设计方法及译码方法、装置、设备和光通信系统 ··················· 96

    5.3.1　技术领域 ··· 96

    5.3.2　背景技术 ··· 96

    5.3.3　发明内容 ··· 97

    5.3.4　附图说明 ··· 99

    5.3.5　具体实施方式 ··· 101

第6章　位置服务 ·· 117

  6.1　一种动作捕捉系统及方法 ··· 117

    6.1.1　技术领域 ··· 117

    6.1.2　背景技术 ··· 117

    6.1.3　发明内容 ··· 117

    6.1.4　附图说明 ··· 118

    6.1.5　具体实施方式 ··· 119

  6.2　一种仓储管理方法和装置 ··· 122

    6.2.1　技术领域 ··· 122

    6.2.2　背景技术 ··· 123

    6.2.3　发明内容 ··· 123

    6.2.4　附图说明 ··· 124

    6.2.5　具体实施方式 ··· 124

  6.3　多媒体显示屏定位装置 ·· 135

    6.3.1　技术领域 ··· 135

    6.3.2　背景技术 ··· 135

    6.3.3　实用新型内容 ··· 135

    6.3.4　附图说明 ··· 136

6.3.5　具体实施方式 ··· 137

第7章　识别控制 ·· 140

7.1　一种信息采集装置 ··· 140
- 7.1.1　技术领域 ··· 140
- 7.1.2　背景技术 ··· 140
- 7.1.3　发明内容 ··· 140
- 7.1.4　附图说明 ··· 141
- 7.1.5　具体实施方式 ··· 143

7.2　一种环境探测设备 ··· 148
- 7.2.1　技术领域 ··· 148
- 7.2.2　背景技术 ··· 148
- 7.2.3　实用新型内容 ··· 149
- 7.2.4　附图说明 ··· 150
- 7.2.5　具体实施方式 ··· 152

7.3　一种智能地锁和车辆识别系统 ····································· 160
- 7.3.1　技术领域 ··· 160
- 7.3.2　背景技术 ··· 160
- 7.3.3　实用新型内容 ··· 160
- 7.3.4　附图说明 ··· 161
- 7.3.5　具体实施方式 ··· 162

设　计　篇

第8章　可见光室内定位装置 ·· 175

8.1　系统方案 ·· 175
- 8.1.1　定位装置技术选择 ··· 175
- 8.1.2　通信功能技术选择 ··· 175
- 8.1.3　方案描述 ··· 176

8.2　理论分析与计算 ·· 177
- 8.2.1　可见光成像定位方法 ·· 177
- 8.2.2　信息发送接收方法 ··· 178
- 8.2.3　误差分析 ··· 179

8.3　电路与程序设计 ·· 179
- 8.3.1　电路设计 ··· 179

8.3.2　通信电路与单片机程序设计 ·········· 180

第9章　非接触可见光连接器与可见光点播电视 ·········· 185

9.1　项目描述 ·········· 185
9.1.1　非接触可见光连接器 ·········· 185
9.1.2　可见光点播电视 ·········· 185
9.2　市场分析 ·········· 186
9.2.1　非接触可见光连接器 ·········· 186
9.2.2　可见光点播电视 ·········· 187
9.3　盈利模式 ·········· 187
9.3.1　非接触可见光连接器 ·········· 187
9.3.2　可见光点播电视 ·········· 187
9.4　经营策略 ·········· 188
9.5　财务分析 ·········· 188
9.5.1　股本结构与规模 ·········· 188
9.5.2　初期投资估算 ·········· 188
9.6　创业团队与组织模式 ·········· 189
9.6.1　企业基本情况 ·········· 189
9.6.2　部门主要职责介绍 ·········· 189
9.6.3　组织管理 ·········· 191
9.7　风险规避 ·········· 191
9.7.1　内部风险 ·········· 191
9.7.2　外部风险 ·········· 191
9.7.3　内部风险对策 ·········· 192
9.7.4　外部风险对策 ·········· 192
9.8　退出方式 ·········· 192

第10章　基于可见光通信的高速水下传输设备 ·········· 193

10.1　研究意义 ·········· 193
10.2　水下光通信理论基础与关键技术 ·········· 196
10.2.1　水下可见光通信系统构成 ·········· 196
10.2.2　水下信道模型 ·········· 197
10.2.3　水下可见光通信系统关键技术 ·········· 201
10.3　水下VLC系统语音和传输模块设计 ·········· 204
10.3.1　可见光通信前端电路总体结构 ·········· 204

  10.3.2 可见光通信发送前端电路设计 …………………………… 205
  10.3.3 可见光通信接收前端电路设计 …………………………… 206
  10.3.4 语音信号 AD/DA 转换电路 ……………………………… 210
10.4 水下 VLC 系统数据处理模块设计 ………………………………… 213
  10.4.1 音频数据采样与恢复 ……………………………………… 213
  10.4.2 曼彻斯特编/解码 …………………………………………… 214
  10.4.3 同步头设计 ………………………………………………… 214
  10.4.4 Zero-Padding 信号的调制和解调 ………………………… 214
  10.4.5 数据恢复 …………………………………………………… 215
10.5 系统测试与误差分析 ……………………………………………… 217
  10.5.1 平台搭建 …………………………………………………… 217
  10.5.2 硬件和软件测试评估 ……………………………………… 217
10.6 总结与展望 ………………………………………………………… 220

基础篇

本篇介绍可见光通信技术基础理论,分别说明了可见光通信概述、可见光调光控制技术、可见光通信高效传输技术和可见光定位技术。

第1章 可见光通信概述

照明作为一种几乎不可或缺的重要需求，始终与人类活动紧密耦合，可以说有人类活动的地方就有照明。可见光通信(Visible Light Communication，VLC)将通信与照明有机关联起来，借助广泛覆盖的照明网络设施实现"通照一体"，为解决通信"末端接入"和"深度覆盖"问题提供了一种自然、便捷的方式。可见光通信技术在普通照明光源的基础上增加了数据传输功能，发射端通过照明光源的高速明暗闪烁来传递信息，接收端则使用光敏器件来捕捉获取光信号中携带的数据信息，研究内容包括信息及可见光载体的采集、生成、变换、传送、处理和提取。作为一种新兴的通信技术，可见光通信被《时代周刊》评为2011年全球五十大科技发明之一。

近年来，我国可见光通信技术与应用发展取得长足进展。2015年，我国科学家创造了可见光通信50Gb/s的实时速率世界纪录。2018年8月，在首届中国国际智能产业博览会上，我国研发的全球首款商品级超宽带可见光通信专用芯片组正式发布，该芯片组由光电前端芯片和数字基带芯片组成，可支持每秒吉比特量级的高速传输，全面兼容主流中高速接口协议标准。中国工程院院士邬江兴说，可见光通信专用芯片组的成功研发，对于推动可见光通信产业和应用市场规模化发展，突破室内"最后10m"和短距离超宽带无线光互联技术瓶颈，开创集绿色节能、短距超宽带、无线光互联为一体的新兴应用方面，具有里程碑式意义。

1.1 基本组成和特点

可见光通信系统的基本组成如图1-1所示。驱动电路利用强度调制驱动发光二极管(Light Emitting Diode，LED)发光，实现基带电信号到光信号的转化；光信号通过光信道到达接收端，经过滤光片以及透镜汇聚后激发光电检测器(Photo Detector，PD)将光信号还原成电信号；检测电路将PD产生的电信号恢复成信息数据。

可见光通信系统是一个强度调制/直接检测(Intensity Modulation/Direct Detection，IM/DD)系统，其系统的发光源和接收端分别是由LED和PD构成。PD具有相对较高的带宽和较大的线性工作范围，因此LED的传输特性成为限制可见光通

图 1-1　可见光通信系统基本组成

信系统提升传输速率的主要因素。

(1) LED 的非线性:通过观察不同的厂家生产的 LED 对应的特性曲线可以看出,从 LED 输出的光强与流过其电流几乎是线性的关系,因此,主要的非线性来源于 LED 的伏安特性,LED 的伏安特性并不是理想的线性关系,这会给数据的传输带来不容忽视的影响。由于 LED 的自热特性,它的电光转换效率(Electrical-to-Optical Conversion Efficiency)会不断下降,可以说当 LED 的驱动电压增加到一定值后,LED 的辐射光强会趋于一个定值,因此,必须采取有效的措施来保证驱动电压在 LED 可以承受的范围内以防止 LED 芯片过热。

(2) 调制带宽:在不采用均衡和滤光等技术时,LED 的调制带宽较小,通常在几兆赫左右,对于单个 LED 来说以这样的带宽来实现高速通信是远远不够的。即使针对伪白光 LED 的滤波与均衡技术能将 LED 的 3dB 带宽提高到十几或几十兆赫,仍然无法完成高速率的数据传输,况且这些技术一般都是以大幅度降低信噪比和牺牲接收功率为代价的。

(3) 强度调制/直接检测:可见光通信的调制解调采取的主要方式是 IM/DD,信息调制到电信号上之后激励 LED,而 LED 只能获取那些电压值大于 LED 工作阈值的电信号幅度信息,此时在接收端产生的电流正比于接收功率。由于可见光的调制频带在基频,接收端能只检测到光的强度,却无法检测到信号的频率和相位信息,且接收端的 PD 对不同颜色光的灵敏度有很大的差异,因此,可见光通信系统可以认为是一个调制带宽有限的基带传输系统。

(4) 均值受限:受限于人眼能够正常承受的光强,LED 发出的光的光强必须在人眼能够承受的范围以内。相对于传统无线通信这样一个功率受限系统,由于可见光通信中光强与电信号的均值是成正比的,故可见光通信系统可以认为是一个均值受限系统。另外,LED 辐射的光还会受到许多其他指标的限制,而当前的研究工作都还未考虑这些限制因素。

下面就 LED 光源、典型可见光室内信道以及光电检测器 3 个部分分别进行介绍。

1.2 LED 光源

在可见光通信系统中,必须使用可见光发射机和接收机实现信息的交互。系统中通常要用到的物理设备包括光学望远镜、可见光通信收发机、接口驱动电路、信号处理单元和供电系统等。由于 LED 光源发出的是非相干光,无法提供稳定的载波,所以目前可见光通信链路主要采用强度调制(IM)和直接检测(DD)的方法,通信链路主要选择直射式数据连接。开关键控(On-Off Keying,OOK)和正交频分复用(Orthogonal Frequency Division Multiplexing,OFDM)等调制方式均可用于可见光通信技术。

可见光通信主要利用 LED 具有的高速明暗变化的响应特性,同时实现照明和通信功能。LED 是电流驱动的单向导通器件,其亮度与正向电流成正比。为了保证 LED 的正常工作,需要满足以下几个基本要求:①输入直流压降不得低于 LED 的正向电压降;②由于过高的电流会影响 LED 的使用寿命,为防止其损坏,应对 LED 驱动电路的电流加以限制;③LED 电流和光通量间存在一定的非线性,在进行可见光通信设计时必须把电流控制在线性区域内;④大功率的 LED 应注意器件的散热性能,防止工作温度过高而损坏 LED;⑤电路应采用直流电流源或单向脉冲电流源驱动而不是采用电压源驱动。

1.2.1 LED 光源及典型布局

LED 光源能将电能转换为光能,是一种注入式电致发光器件。目前可见光通信系统中常见的 LED 主要有两类:一类是白光 LED,利用蓝光灯芯激发黄色荧光粉进而发出白光;另一类是 RGB LED,每个 LED 内有红(R)、绿(G)、蓝(B)三个灯芯,利用颜色的相加原理发出白光。由于黄色荧光粉的响应速度较慢,导致白光 LED 的调制带宽较窄,不容易实现高速的数据传输,而 RGB LED 成本相对较高。

通常来讲,LED 光强服从朗伯辐射模型,其光强可以表示为

$$I(\phi) = I_0 \cos^m \phi \tag{1-1}$$

式中:I_0 为 LED 的中心光强;ϕ 为 LED 的发光角度;m 为 LED 的发光阶数,m 值越大,代表 LED 的发光指向性越好,它可以由半功率角 $\phi_{\frac{1}{2}}$ 计算得到,即 $m = -\ln2/\ln(\cos\phi_{\frac{1}{2}})$。半功率角是指光强为中心光强一半时的发射角度,可以根据 LED 的数据手册或者实验测量得到。

以 4m×4m×3m 的空室内空间作为基本的研究环境,LED 光源分布在 2.5m 高的天花板上,光照平面为 0.75m 高的桌面。国际标准化组织(ISO)规定办公室光

照强度为 300~1500lx,在考虑 LED 布局时应满足这个要求。本书介绍两种典型 LED 布局,如图 1-2 所示,布置的 LED 光源分别为 4 个和 5 个。

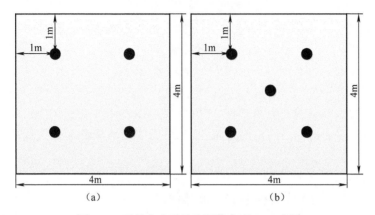

图 1-2 两种室内可见光通信典型 LED 布局

利用 LED 的朗伯辐射模型,可以得到光照面上的光照强度为

$$E = I_0 \cos^m \phi / D^2 \cdot \cos\psi \tag{1-2}$$

式中:D 为 LED 与光照点之间的距离;ψ 为接收端光线入射角。

假设 LED 的中心光强为 1642cd,半功率角为 70°,则由式(1-2)仿真得到两种 LED 布局下光照面上的光照强度分布如图 1-3 所示。

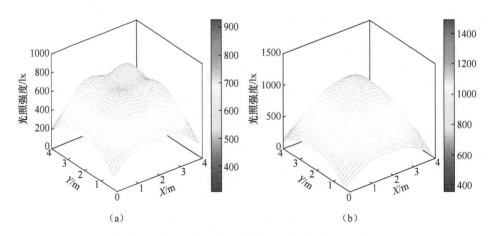

图 1-3 两种 LED 布局下光照面上的光照强度分布

图 1-3 中,第一种布局中光照强度最小值为 308lx,最大值为 925lx;第二种布局中光照强度最小值为 358lx,最大值为 1487lx。由此可见,两种 LED 布局下房间内所有位置的光照强度均符合 ISO 标准对办公室照明强度为 300~1500lx 的规定。

1.2.2 LED驱动方式

目前,白光LED驱动电路按照负载连接方式分为并联型、串联型和串并混联型;从提供驱动源的类型分为电压源驱动型和电流源驱动型。通常白光LED的驱动分类是基于上面两种分类,分为4种常用的电源驱动方式:①电压源加镇流电阻;②电流源加镇流电阻;③多路电流源;④磁升压方式驱动串联LED。这几种电源驱动方式的优缺点比较见表1-1。

表1-1 不同电源驱动方式的优缺点比较

驱动方式	优 点	缺 点
电压源加镇流电阻	电压源选择余地大,只需提供一定电压,而不需考虑正向电压	LED亮度不一致;输入电压越高、电源转换效率越低;LED发光效率较低;对LED正向电流的控制不精确
电流源加镇流电阻	电路简单、体积小;电流匹配性能高;功耗低	耗电较大
多路电流源	可分别调节LED电流,不需镇流电阻;电损耗低;电路效率高;电路有效体积小	驱动LED的数量由输出端口数量决定
磁升压方式驱动串联LED	固定电流源驱动,无亮度不匹配问题;电源效率高;设计灵活性大,应用场合广	电感元件外形体积大;成本高;存在EMI辐射干扰

1.2.3 压控电流源设计

如果没有白光LED驱动电路,则可见光通信将无法进行,但是目前没有现成的可用于可见光通信的白光LED驱动电路。白光LED驱动电路的功能是实现数据到LED光功率的映射。相比于传统光纤通信、大气光通信、红外通信中毫瓦级别的光源,白光LED的一个最大的不同就是它的功率非常大,驱动电流非常高,单只LED的功率可高达数瓦,驱动电流可高达700mA,甚至超过1A。这就要求LED的调制电路有很高的输出功率,这是传统光通信中光源驱动电路无法满足的。用于固体照明的LED驱动电路虽然可以输出足够大的电流,但是频率太低,目前最高频率只有2MHz左右,避免人眼感觉到灯光的闪烁。因此,为了实现可见光通信,必须研制基于分立元件或者集成运算放大器的白光LED驱动电路。

(1) LED通信需要大电流的驱动电路。以往的LED通常采用电压源驱动电路,但是传统的驱动电路有比较大的结电容,很容易形成一个截止频率较低的低通滤波器,从而制约LED的调制带宽。这就需要对驱动电路进行创新性设计,采用一个高线性度的电压控制电流源,创新地引入电流反馈机制,使得LED发射机在满足照明需求的同时,具有大调制电流、可调的输出功率、灵敏的电流反馈控制以及足够高的响应带宽,从而使得该 LED 发射机能够适应于高速可见光通信使用需求。

(2) 在实现 LED 照明驱动的同时实现对信号的深度调制功能。可见光通信系统中 LED 的驱动电流是由直流偏置电流和调制电流叠加而成的,大调制电流可以增加调制深度,进而增强系统的抗噪性能、提高系统的传输速率、扩大通信的距离。目前,绝大多数研究机构的实验系统中的调制电流只有 20~30mA,相对于 700mA 的驱动电流而言,调制深度在 5% 以下,这严重制约了实验系统的传输速率和距离。因此,要设计大调制电流的驱动电路,增加可见光通信系统的调制深度也是一个急需解决的问题。

LED 是采用特殊工艺制成的 PN 结半导体器件,在正向偏置时产生辐射。作为 PN 结器件,LED 的 V-I 特性类似于一般的二极管,但是,LED 加在 PN 结上的电压比较高。在正向电压达到额定值 V_f 前,流过 LED 的是小电流;当达到 V_f 时,其电流增加非常迅速。所以 LED 的驱动电路一般采用恒流源以输出稳定的光,如用电压直接驱动则必须加限流元件,如电阻等。

LED 一般在直流电源下工作,因此,LED 的驱动电路往往是 AC/DC 变换器,但是在存在直流电源的场合则使用 DC/DC 变换器。LED 的响应时间很短,为纳秒的数量级,且光输出基本上与 LED 的输入功率或者输入电流成正比,因而 LED 的调光很简单,只要调整 LED 的输入电流即可。实际上,一种更方便的调光方法是以方波电流驱动 LED,且用 PWM 方式调整该方波的占空比,即可调整 LED 的光输出。

1.2.4 LED 调制带宽

调制带宽用于表征 LED 的调制能力,是 LED 用于可见光通信的一个重要参数,也是衡量一个可见光通信系统的重要指标。LED 的响应频率决定了可见光通信系统的调制带宽,直接关系到数据传输速率大小。如何提升 LED 的频率响应、拓展其带宽,是实现高速可见光通信必须要解决的难题之一。LED 的调制带宽主要受有源区载流子复合寿命和 PN 结电容的影响。由于市场上不同种类的 LED 的调制带宽不同,因此可以通过测量各种 LED 的调制带宽来选择适合可见光通信的 LED 芯片,并采用具有很大的潜在调制带宽的多芯片型 LED。

LED 作为一种特殊的二极管,具有与普通二极管相似的伏安特性曲线,如图 1-4 所示。LED 单向导通,当正电压超过阈值 V_A 时,进入工作区,可近似认为电流与电压成正比。

LED 的调制能力可以由其光功率-电流曲线(图 1-5)描述,LED 的调制深度 m 可以定义为

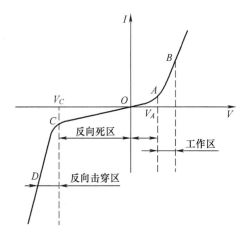

图 1-4 LED 的伏安特性曲线

$$m = \frac{\Delta I}{I_0}$$

式中：I_0 为偏置电流；ΔI 为峰值电流和偏置电流之差。调制深度描述了交流信号与直流偏置之间的关系,调制深度越高,光信号越容易被探测到,从而降低接收端所需的光功率。驱动 LED 的偏置电流往往达数百毫安,要使信号电流也达到这个量级,则需要设计相应的放大电路。目前大多数实验系统的驱动能力达到百分之几到百分之十几的调制深度,如果一味追求高调制深度,则可能会导致调制带宽降低,同样也会影响系统性能。

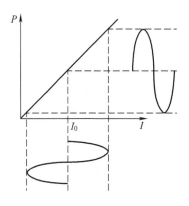

图 1-5 LED 的功率-电流曲线

LED 的调制带宽决定了可见光通信系统的信道容量和传输速率,其定义是在保证调制深度不变的情况下,LED 输出的光功率下降到某一低频参考频率值的一半(-3dB)时的频率就是 LED 的调制带宽,如图 1-6 所示。图中的光带宽是指光电探测器输出的信号电流变为原来一半时对应的带宽。

LED 的调制带宽受响应速率限制,而响应速率又受半导体内少子寿命 τ_c 影响,有

$$f_{3dB} = \frac{\sqrt{3}}{2\pi\tau_c}$$

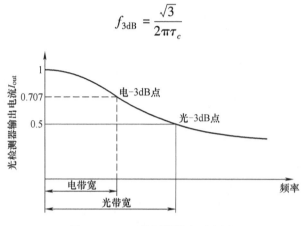

图 1-6　LED 的调制带宽示意图

对于Ⅲ-Ⅴ族(如 GaAs 等)材料制成的发光二极管而言,τ_c 的典型值为 100ps,故 LED 的理论带宽总是限制在 2GHz 以下。当然,目前所有发光二极管的 τ_c 带宽都远远低于这个值,照明用的大功率白光二极管由于受其微观结构及光谱特性所限,带宽更低。较低的调制带宽限制了 LED 在高速可见光通信系统的应用,因此,设法提高 LED 的调制带宽是解决问题的关键。

1.3　典型可见光室内信道

受 LED 光源特性的影响,可见光通信信道可视为非线性、低通型的频率选择性信道。LED 被认为是可见光通信系统非线性的主要来源,会对系统性能产生重要影响。同时,可见光通信系统一般采用 IM/DD 的方式,由于室内环境比较复杂,因此可见光信道可以看作是多径信道。

可见光通信的传输方式可以分为两种:直射视距(Line of Sight,LOS)链路和非视距(Not Light of Sight,NLOS)链路传输,后者也称为漫射链路(Diffuse Links)传输。

LOS 是指光信号从光源发出后,中间没有任何阻碍,可以直接到达接收机。其优点主要是光信号功率利用率比较高,可以实现数据的高速传输。但该模式对发射机和接收机有较高的要求,在通信的过程中光信号发射机需要始终对准接收机,并且人员在室内的移动或其他物体的阻碍很容易导致链路的阻断,所以有一定的

局限性。

NLOS 链路为主要依靠墙面和室内物体的反射为主的一种链路。不同于 LOS 链路，由于 NLOS 链路中信号不具有很强的方向性，故而系统无法获得较强的接收功率，因此接收机的探测视角一般设计得都比较大。这样做可以降低阴影效应对系统的影响，但由此而产生的多径效应会带来码间干扰，影响信息的传输准确性。

图 1-7 为室内 LOS 和一次反射 NLOS 传输信道示意图。

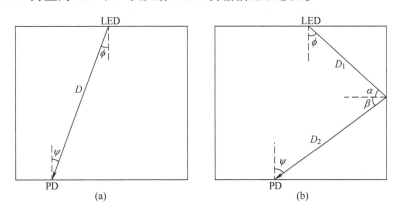

图 1-7 室内 LOS 和一次反射 NLOS 传输信道示意图

因此，第 j 个光源到第 i 个光电检测器的信道脉冲响应由两部分组成，分别是直射信道脉冲响应和反射信道脉冲响应，表达式为

$$h_{i,j}(t) = h_{i,j}^0(t) + \sum_{k=1}^{\infty} h_{i,j}^k(t) \qquad (1-3)$$

式中：$h_{i,j}^0(t)$ 为直射信道脉冲响应；$h_{i,j}^k(t)$ 为第 k 次反射信道的脉冲响应。

为了计算信道增益，首先引入视场角（Field of View, FOV）的概念。FOV 是指接收端能够接收光线的最大角度，当光线入射角大于 FOV 时，接收光功率为 0。因此由 LED 的朗伯辐射模型得到信道直流增益为

$$H(0) = \begin{cases} \dfrac{(m+1)A}{2\pi D^2} \cos^m(\phi) T(\psi) g(\psi) \cos(\psi), & 0 \leqslant \psi \leqslant \psi_c \\ 0, & \psi > \psi_c \end{cases} \qquad (1-4)$$

$$g(\psi) = \begin{cases} \dfrac{n^2}{\sin^2 \psi_c}, & 0 \leqslant \psi \leqslant \psi_c \\ 0, & \psi > \psi_c \end{cases} \qquad (1-5)$$

式中：A 为光电检测器的物理接收面积；$T(\psi)$ 为光学滤波器的增益；$g(\psi)$ 为透镜增益；ψ_c 为接收端视场角，n 为透镜折射率。

直射信道冲击响应与信道直流增益之间关系为

$$h^0(t) = H(0)\delta(t-\tau) \tag{1-6}$$

$$\tau = D/c$$

式中：D 为收发端距离；c 为光速。

第 k 次反射信道的脉冲响应可以由直射信道的脉冲响应求得，即

$$h^k(t) = \sum_i h^0(t) \otimes h^{k-1}(t) \tag{1-7}$$

式中：$\otimes$ 为卷积运算。

为了计算反射信道的脉冲响应，可以将反射面看成是一个朗伯光源，再次利用朗伯辐射模型求得通过反射面的反射链路增益为

$$dH_{\text{ref}}(0) = \begin{cases} \dfrac{(m+1)A}{2\pi D_1^2 D_2^2} \mu dA_{\text{ref}} \cos^m(\phi)\cos(\alpha)\cos(\beta)T(\psi)g(\psi)\cos(\psi), & 0 \le \psi \le \psi_c \\ 0, & \psi > \psi_c \end{cases} \tag{1-8}$$

式中：μ 为反射面的反射系数（$\mu \le 1$）；α 为光线到达反射面的入射角；β 为反射面作为光源时的发射角；D_1 为 LED 与反射面的距离；D_2 为反射面与 PD 的距离；dA_{ref} 为每个反射面的面积；A 为 PD 的物理接收面积。

计算一次反射 NLOS 信道脉冲响应的方法是：①将反射平面分成若干面积相等的小格子，每个小格子的面积可以根据实际计算精度和复杂度确定，反射面被分成的格子面积越小，计算结果越精确，复杂度也越大；②计算光线经过每个小格子反射的链路增益和传输时间 $t = \dfrac{D_1 + D_2}{c}$；③将时间分成相等的间隔，时间间隔的大小同样需要考虑计算结果的精度和复杂度；④将每个时间间隔内光电检测器收到的光功率求和，求解出一次反射 NLOS 信道的脉冲响应。考虑到计算精度和复杂度，本节仿真中的时间间隔为 1ns，将每面墙壁分成 2500 个小格子，每个小格子的面积为 0.006m^2。为了计算简便，这里只考虑墙壁对光线的反射作用，假设接收端接收到经过天花板和地面反射的功率为 0。

图 1-8 对比了接收端在坐标 $(0.01,0.01,0.85)$ 时 LOS 链路和一次反射 NLOS 链路的信道冲击响应。仿真过程中，PD 视场角为 60°，反射面的反射系数为 0.7，PD 的物理接收面积为 1cm^2，透镜的折射系数和滤光器增益分别为 1.5 和 1。从图 1-8 中可以看出，一次反射 NLOS 信道的冲击响应远远小于 LOS 信道的冲击响应，只有 LOS 链路功率的 4.1%，二次反射和多次反射 NLOS 信道的冲击响应会更小。因此，可忽略 NLOS 链路的影响。

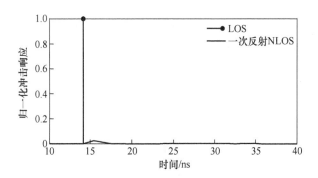

图1-8 室内可见光信道归一化冲击响应

1.4 光电检测器

可见光通信中所使用的光电检测器主要包括光电二极管、光电倍增管、雪崩光电二极管、单光子雪崩二极管和多像素光子计数器等。

1.4.1 光电二极管

光电二极管是利用光生伏特效应制造的光电器件。所谓光生伏特效应,是指在半导体PN结基础上的一种将光能转换为电能的效应。光电上极管具有暗电流小、噪声小、响应速度快、光电特性线性好以及受温度影响小等优点。

光电二极管的灵敏度定义为在单位入射光功率照射下检测电路中所获得的光生电流,即

$$\gamma = \frac{\text{检测电路中的光生电流}}{\text{输入光功率}} = \eta \frac{q\lambda}{hc}(1 - e^{-\alpha d}) \tag{1-9}$$

式中:$h = 6.626 \times 10^{-34} \text{J} \cdot \text{S}$,为普朗克常数;$\eta$为器件的量子效率,即每个入射光子在作用区产生的电子-空穴对数,它是器件的固有特性;$q = 1.6 \times 10^{-19}$,为电子电量;α为材料对光的吸收系数,与入射光波波长有关;λ、c和d分别为入射光波波长、光速和器件阻挡层厚度。

由式(1-9)可知,光电二极管的灵敏度除了与器件的量子效率有关外,还与入射光波波长有关。由于有参数α的影响,灵敏度和波长并不是简单的正比关系。故在定义光电二极管的电流灵敏度时,通常将其峰值响应波长的电流灵敏度作为光电二极管的灵敏度,而把光电二极管的电流灵敏度与波长的关系曲线称为光谱响应,光谱响应特性是光电二极管的一个重要特性。图1-9为几种典型材料的光电二极管光谱响应曲线。

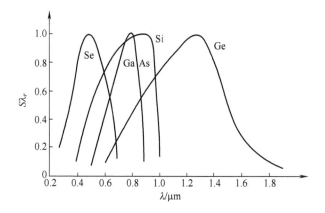

图 1-9　典型材料的光电二极管光谱响应曲线

1.4.2　光电倍增管

光电倍增管(PMT)主要由光电阴极和倍增极构成,是问世较早且发展相对成熟的一种光电器件,已经在各个场景大规模投入并使用,同时研究者们也在不断对该器件进行优化改进。

PMT 的主要工作原理是:光电阴极利用外光电效应,吸收光子后产生光电子并发射。光电子在外电场的作用下被打倒倍增极并产生二次电子发射,二次电子在外电场的作用下再次做同样运动,经过数十次倍增后最终由光电阳极接收并产生电流或电压输出信号。PMT 具有高增益、低噪声的优点,缺点是体积庞大、量子效率低下。

1.4.3　雪崩光电二极管

常见的雪崩光电二极管(APD)主要是由硅(Si)、锗(Ge)及铟镓砷(LnGaAs)制成的,其工作原理是建立在内部具有的增益和放大作用之上。在二极管的 P-N 结加上反向偏置电压,随着电压越高,二极管内的电场强度越大,耗尽层中的电子空穴对会被电场加速与晶格碰撞产生新的电子空穴对,新的电子空穴对重复同样运动,最终形成了雪崩效应,产生雪崩电流并输出。APD 的工作模式分为线性模式和盖革模式两种,如图 1-10 所示。

APD 的响应波段范围为 300~1700nm,覆盖了红外光波段,因此它在红外波段的极微弱光的探测中得到广泛应用。APD 单光子计数具有量子效率高、功耗低、工作频谱范围大、体积小等优点,同时也有着增益低、噪声大且外围电路复杂的缺点。2017 年,华东师范大学精密光谱科学与技术国家重点实验室采用温度控制与直流偏压补偿两者相结合的方法,实现了雪崩点电压温度漂移的自动补偿,从而扩

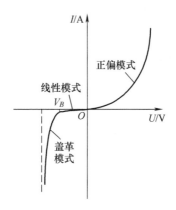

图 1-10 APD 工作模式

大了 APD 的可稳定工作的温度范围,实现了-40~45℃的高稳定性能的单光子探测器,为机载或星载光子计数激光测量提供了技术支撑。

1.4.4 单光子雪崩二极管

当二极管两端的反向电压大于雪崩击穿电压时,即工作在盖革模式下的 APD 具有响应单个光子的能力,称为单光子雪崩二极管(Single Photon Avalanche Diode, SPAD),其工作原理与 APD 一致,它兼顾了 PMT 与 APD 的优点。SPAD 具有极高的内部增益,可达 108 量级,灵敏度高,体积小,工作电压低且功耗小。SPAD 只能响应光子的有无,在光子射入时产生一定的雪崩电流,并不能响应多个射入光子,因此 SPAD 有着光子探测效率不高、探测范围小的缺点。

2016 年,中国科学技术大学研制出了探测效率高达 74.5% 的 Si-SPAD 探测器,比目前多光子纠缠实验中使用的商用探测器提高 6% 左右,并将正弦滤波技术应用于高效率 Si-SPAD 探测系统的研制,有效抑制了因 APD 对门控信号微分而产生的背景噪声,滤波抑制比达到 55dB。

SPAD 需要连接猝灭电路一同工作,从而限制自身产生的雪崩电流大小,并为下一个光子的探测做准备。在猝灭的过程中,电路逐渐恢复,这段时间称为死时间。在死时间内,SPAD 不会再检测到达表面的其他光子,因此会造成光子计数的损失和系统性能的下降。通常有两种方式进行猝灭:主动猝灭和被动猝灭。近些年,A. Lotito 和 F. Zappa 等人设计出了全集成 0.8μm 的 CMOS 抑制电路,结合了主动猝灭和被动猝灭的优点,称为混合抑制模式。随后研究者们提出的门控抑制模式更是可以较为准确地探测光子到达的时间。2013 年,电子科技大学提出了一种基于时间延迟的主动猝灭方式,为减小死时间提供了新的可能。Elham Sarbazi 提出了一种完整的光子计数滤波器统计行为建模的分析框架,通过严谨的分析,阐述了可瘫痪死区和不可瘫痪死区时间对 SPAD 探测器计数统计量的影响,给出了有源和无源猝灭 SPAD 光电计数的概率分布、均值和方差的精确表达式。

1.4.5 多像素光子计数器

多像素光子计数器(Multi Pixel Photon Counter, MPPC)成功解决了 SPAD 在部分功能上的局限性与不足,是一种新型的光子计数器件,其实质是阵列化的 APD。它由数百甚至上千个独立的 APD 组成,单个像素点都可以对入射的光子独立响应并产生雪崩电流,其工作模式如图 1-11 所示。

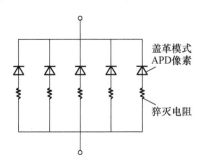

图 1-11　MPPC 工作模式

MPPC 的工作原理与 SPAD 类似。只是在集成的时候在每个 SPAD 后串联一个阻值较大的猝灭电阻。当雪崩发生时,雪崩电流快速流过 SPAD 两端,经过猝灭电阻时在电阻两端产生压降,降低了 SPAD 两端电压,进而使雪崩终止。由于 MPPC 为 SPAD 提供了共同的输出端口,雪崩电流叠加后的幅度大小就可以用来推测计算光脉冲中的光子数量。当 MPPC 中的一个像素接收到一个光子时,就会输出一个幅度一定的脉冲。多个像素产生的脉冲同时叠加输出。例如,如果 4 个光子同时入射在不同的像素上并在同一时间被检测到,MPPC 就会输出一个幅值等于 4 个脉冲叠加高度的信号。MPPC 极大地提高了多光子的探测效率和探测的动态范围,克服了单个 SPAD 器件的局限性。

2011 年,中国科学院对 MPPC 的性能进行研究分析,发现 MPPC 具有优秀的光子分辨能力,在 532nm 的波长下,能量分辨率为 $1.96×10^{-18}$ J,适用于大动态范围弱光检测。

MPPC 可在低电压下工作,具有高增益、高光子探测效率、快速响应以及优良的时间分辨率和宽光谱响应范围等特点。它的光子计数水平的测量表现良好,具有优秀的抗磁场干扰性能,能够耐机械冲击,这是固态器件的独特优势。

在 MPPC 模块上输出类型(数字或模拟)应该根据入射光强进行选择。图 1-12 显示在不同入射光强下测量的 MPPC 输出波形,可由示波器读出。从图 1-12(a)开始,入射光强度依次增加。输出波形由离散的脉冲构成,在这种状态下,选择数字输出型,即信号被二值化且脉冲的数量被数字化统计,这样可以得到更高的信噪比信号。数字输出型可以非常容易地扣除暗计数信号,而检测下限是由暗计数的波动决定的。

随着入射光强的增加,脉冲的输出波形互相重叠,如图1-12(b)和(c)所示。在这种状态下,脉冲的数量无法被统计,应该选择模拟输出型,测量模拟输出并求平均值。模拟输出型的检测极限是由暗电流的散粒噪声和读出电路的截止频率决定的。

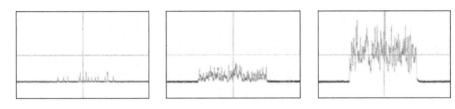

图1-12 MPPC输出波形
(a) MPPC极弱光输出波形;(b) MPPC弱光输出波形;(c) MPPC强光输出波形

对于单个SPAD接收机而言,在死时间内无法检测其他到达的光子,导致接收光子数的削峰损失。然而,如果采用几个SPAD并行组合工作,即使一个SPAD处在死时间期间内,此时到达的光子也可以被其他SPAD检测到,这意味着阵列SPAD可以提升灵敏度、改善死时间效应,这其中蕴含着丰富的复用和分集理论有待进一步研究。实际上阵列SPAD的概率分布和单个SPAD的概率统计特性有差异,相应的检测理论和信号设计需要进一步研究。MPPC器件的出现验证了阵列协同检测理论,在众多SPAD组合的感光像素面上,极弱光下进行检测几乎不受死时间的影响,且器件本身的暗记数也非常小,是理想的光子探测器件。

参 考 文 献

[1] Komine T, Nakagawa M. Fundamental analysis for visible-light communication system using LED lights [J]. Consumer Electronics IEEE Transactions on, 2004, 50(1):100-107.

[2] Vučić J, Kottke C, et al. 513 Mbit/s Visible Light Communications Link Based on DMT-Modulation of a White LED[J]. IEEE Journal of Lightwave Technology, 2010, 28(24): 0733-8724.

[3] Lee K, Park H, Barry J R, et al. Indoor Channel Characteristics for Visible Light Communications [J]. IEEE Communications Letters, 2011, 15(2): 217-219.

[4] Chun H, Chiang C J, O'Brien D C. Visible Light Communication Using OLEDs: Illumination and Channel Modeling[C]. International Workshop on Optical Wireless Communications, Durham, 2012.

[5] Komine T, Nakagawa M. Fundamental Analysis for Visible-Light Communication System Using

LED Lights [J]. IEEE Transactions on Consumer Electronics, 2004, 50(1): 100-107.

[6] 徐熙平,张宁. 光电检测技术及应用[M]. 北京:机械工业出版社,2012:26-31.

[7] 颜佩琴. 高稳定性 SiAPD 单光子探测器研制[D]. 上海:精密光谱科学与技术国家重点实验室,2017:1-10.

[8] 周楠. 高效率硅单光子雪崩二极管探测系统的研究[D]. 合肥:中国科学技术大学,2016:1-7.

[9] 邓亚楠. 单光子探测猝灭技术的研究[D]. 成都:电子科技大学,2013:1-8.

[10] 赵帅,郭劲,等. 多像素光子计数器在单光子探测中的应用[J]. 光学精密工程,2011,19(5):5-19.

第 2 章 可见光调光控制技术

作为一项"通照一体化"的技术,可见光通信在满足数据高速传输需求的同时,需要兼顾用户高品质照明需求。调光控制作为一项重要的通信照明方式,具有调节环境气氛、节约能源的重要作用,因此被写入 IEEE 802.15.7 标准中。区别于其他无线通信方式,联合通信调光信号设计是可见光通信的本质属性。

2.1 可见光调光控制技术概述

可见光通信系统利用现有 LED 照明设备,通过增加可见光通信模块,完成无线数据传输功能,在实现高速通信的同时,满足用户特定照明需求,这是可见光通信区别于其他无线通信的一大特点。其中,IEEE 802.15.7 标准所规定的调光控制功能,是一项重要的照明通信方式,用户可根据当前环境需要,调节光亮度。调光控制功能主要目的与应用大致分为三类:

(1) 通过亮度控制可调节环境气氛,例如在会议室和客厅等特定环境,用户可通过调光控制设定所需调光等级,达到营造氛围的目的。

(2) 通过亮度调节可降低调光等级,减少资源浪费,达到节约能源消耗和保护生态效益的目的。

(3) 针对多色 LED,调节不同颜色的调光等级,使之发出不同颜色和亮度的光。

调光控制的本质是通过调节传输信号平均电/光功率,实现所需调光等级,达到调光控制的目的。由于 LED 是非线性器件,当调节电流值处在 LED 非线性区域时,会造成色谱漂移问题,严重影响通信和照明功能。因此,需要找到合适的调光控制方案,满足用户正常的通信和照明需求。

目前,可见光通信采用的调光方案根据其工作方式主要分为两种:①直接改变电流值实现调光控制的连续电流调节(Continuous Current Regulation,CCR)技术,可视为模拟调光,CCR 的优势在于操作简单,但 LED 的非线性特性会导致色谱漂移问题,也无法精确控制调光等级;②基于脉冲宽度调制(Pulse Width Modulation,PWM)的调光技术,可视为数字调光,在不改变驱动电流值的情况下,通过改变数据比特的比例来实现平均电流值的调节,PWM 方案的优势在于能够线性改变调光等级,不仅能有效避免色谱漂移问题,而且能满足较宽的调光范围和较高的调光精度。

随着可见光通信技术的不断发展,信号调制技术、传输方式等也在不断革新,天然的多灯 MIMO-VLC、多色 VLC 结构在提升系统性能的同时,也增加了可见光通信系统布设的复杂度。同时,可见光通信技术与调光控制技术如何做到相互融合、互不影响,实现"通照一体化"设计,成为当前可见光通信技术研究的重要方向。国内外专家学者都在不断进行深入研究,以寻求一种高效的联合通信调光信号设计方案。

2011 年,IEEE 可见光工作组在 IEEE 802.15.7 标准中提出三种调光信号设计方案,主要包括:①可变开关键控(Variable OOK,VOOK)调光方案,根据所需调光等级确定数据帧和空闲帧的比特位数;②可变脉冲位置调制(Variable PPM,VPPM)调光方案通过结合脉冲位置调制(Pulse Position Modulation,PPM)与 PWM 两种调制方式,在实现数据传输的同时提供所需的调光控制功能;③色移键控(Color Shift Keying,CSK)调光方案,针对多色 LED 光源的调制方式,将数据信息映射到颜色星座图中,通过控制不同颜色灯芯的功率分配实现调光调色控制。

同年,Lee 等人提出基于多脉冲位置调制(Multiple PPM,MPPM)的调光信号设计方案,通过改变传输符号的脉冲个数,调节平均光功率,从而实现调光控制的目的。与基于 VOOK 和 VPPM 的调光方案相比,基于 MPPM 的调光方案其频谱效率性能更优。

2010 年,Kwon 提出了逆源编码(Inverse Source Coding,ISC)调光方案,首次从编码角度出发进行调光信号设计。ISC 调光方案采用霍夫曼编码压缩码长,通过改变逆霍夫曼编码码字中比特 0、1 出现的概率,调节平均光功率,实现调光控制。2011 年,Kim 等人提出基于前向纠错编码的调光方案,通过去除里德-穆勒码字生成矩阵中第一行全 1 比特序列,构建新的传输码字集,并在传输数据比特序列后添加补码来调节传输光功率,实现纠错能力。2013 年,该团队通过改进里德-穆勒码,进一步提高纠错性能。之后,专家学者相继提出了基于速率兼容删除卷积码、低密度奇偶校验码和极化码的调光方案,在实现调光控制的同时均表现出了较好的纠错能力。

为进一步提高数据传输有效性,通过对信号进行高阶调制,可进一步提高 VLC 可调光系统频谱效率性能。2012 年,Kwon 等人将一阶逆源编码推广至高阶调制,根据所需调光等级,设定脉冲幅度调制(Pulse Amplitude Modulation,PAM)信号传输概率,从而实现调光控制。2013 年,Lee 等人通过优化最大传输速率,在特定平均光功率约束下,设计不同 PAM 信号串联传输方案,以实现所需调光等级。2014 年,Siddique 等人提出高阶多脉冲位置调制(Multi-Level MPPM,ML-MPPM)的调光方案,并给出相应编译码方案。

随着 VLC 技术不断发展,多载波调制方案因其高频谱效率的优势得到了广泛的应用。2012 年,新加坡南洋理工大学 Wang 等人在基于 OFDM 的 VLC 系统中采用 PWM 进行调光控制,针对每一个 OFDM 子信道,通过 M 阶正交振幅调制完成数据传输,结果表明调制阶数 M 随着调光等级而改变。2015 年,南京大学 You 等人提出将 MPPM 与 OFDM 相结合的调光方式,进一步提高了传输速率。此后,专家学者相继提出了基于反极性光正交频分复用、改进的直流偏置限幅正交频分复用和非对称混合光正交频分复用的调光方案,在进一步提高频谱效率的同时满足用户调光控制需求。

针对 VLC 系统中多 LED 多终端的 MIMO 环境,联合通信调光信号设计方案可借助空间资源,进一步提高其传输性能。2016 年,南京大学 Li 等人提出联合调光控制与收发机优化设计方案,在实现调光控制功能的同时,提升 MIMO-VLC 可调光系统数据传输可靠性。2017 年,中国科学院 Yao 等人研究了多用户 MIMO-VLC 可调光系统中联合调光控制和传输速率优化问题,在实现给定传输速率条件下,寻求最小调光等级,以提升系统功率效率。

在基于多色 LED 的 VLC 可调光系统中,可实现多路数据传输,极大提高系统传输效率。2015 年,Gong 等人基于多色 LED 的可见光通信系统,采用 WDM 技术,针对点对点通信系统和广播通信系统,在照明约束下探究功率效率和速率优化问题。2016 年,Jiang 等人考虑到多色 VLC 可调光系统中存在的亮度、色度约束,以系统中用户总传输速率最大化为优化目标,提出一种最优功率分配方案。2017 年,Liang 等人采用四色 LED(Quadrichromatic LED,QLED),针对高质量显色指数对不同相关色温(Correlated Color Temperature,CCT)约束,研究了基于最小欧氏距离(Minimum Euclidean Distance,MED)的 CSK 星座设计,以实现通信性能优化。

从 VLC 联合通信调光信号设计的研究现状来看,国内外研究工作正稳步开展,而"通照一体化"的信号设计特点显著区别于其他无线通信,对其基础理论和关键技术的分析具有重要的研究价值。

1) 通信方面

(1) 数据传输有效性和可靠性。VLC 具有高速数据传输的巨大潜力,在进行联合通信调光信号设计时,需要追求更高的传输速率,提高频谱效率;同时需要兼顾数据传输可靠性,从而保证用户良好的通信体验。

(2) 光信号和信道非负性特性。与传统射频通信不同,VLC 通常采用 IM/DD 方式进行数据传输,其特点在于传输信号和信道具有非负性特性,在进行调光信号设计时需要考虑这种特殊性,不能直接照搬射频通信中信号设计方法。

(3) LED 工作区域非线性特性。LED 工作区域存在最大、最小工作电流限制,当超过这个范围时,不仅会对 LED 造成损害,还会产生色谱漂移问题,对 VLC 可调光系统通信和照明性能造成严重影响,甚至无法实现正常通信功能。因此,在调光信号设计尤其是高阶信号设计时,需要格外注意这一特性。

2) 照明方面

(1) 无闪烁要求。VLC 利用 LED 快速明暗闪烁完成数据传输,这就要求平均光功率保持恒定,防止因光功率变化造成对人眼的危害。需要说明的是,人眼采集到的是平均光功率而不是瞬时光功率,而最大闪烁时间周期(Maximum Flickering Time Period,MFTP)表示人眼感受不到光强变化的最大闪烁时间,通常情况下,光功率变化频率超过 200Hz(MFTP<5ms)时,可认为是安全的。

(2) 调光控制功能。IEEE 802.15.7 标准所规定的调光控制功能,是一项重要的照明通信方式,而可见光通信技术与调光控制技术如何做到有机融合、互不影响,通照一体化设计的实际需求也给理论研究带来了全新挑战。

(3) 色度约束。针对多色 VLC 可调光系统,在设计传输信号时,多色串扰和色度约束等实际问题需要考虑其中,需要探究其对系统性能的影响,从而提升多色 VLC 可调光系统整体性能。

2.2 VLC 可调光系统模型

对于调光控制,其本质为调节传输信号平均电/光功率,实现光亮度调节。图 2-1 给出了 VLC 可调光系统模型,根据所需调光等级,对数据信号和调光信号进行统一整体设计,经调制编码加载到发射端 LED 光源,通过光信道传输到达接收端 PD,并进行光电转化。信道噪声通常可视为加性高斯白噪声(Additive White Gaussian Noise,AWGN),对包含噪声的接收信号进行解调译码处理,从而恢复原始数据信息。

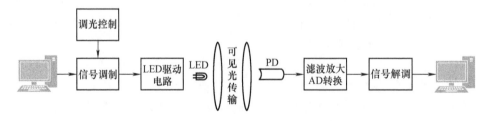

图 2-1 VLC 可调光系统模型

检测器接收到直射光脉冲响应可达 95% 以上,因此可忽略多径效应带来的影响。本书考虑点对点直射视距(Line of Sight,LOS)链路的 VLC 系统进行分析。

VLC 属于基带传输,通常采用 IM/DD 的方式进行数据传输,发射端控制光信号强度变化,这使得接收端忽略了频率和相位等信息。基于 VLC 的传输模型,接收信号 r 可表示为

$$r = hb + n \tag{2-1}$$

式中：b 为传输光信号；n 为均值为 0、方差为 σ^2 的高斯白噪声。

与传统射频通信不同，在 VLC 系统中，PD 产生的电流正比于瞬时光功率，传输光信号需要满足如下照明约束：

（1）传输信号具有非负性，同时满足峰值光功率约束，即

$$0 \leq b_i \leq P \tag{2-2}$$

式中：P 为传输信号峰值光功率，通常可作归一化处理，即 $P = 1$。

（2）调光控制约束，此时传输信号平均光功率可表示为

$$E[b] = \gamma P \tag{2-3}$$

式中：γ 为调光等级，其变化范围在 0 到 1 之间；γP 为在特定时间范围内的平均光功率；$E[\cdot]$ 表示取期望值。例如，如果 LED 灯处于全亮的状态，则 $\gamma = 1$，相应的平均光功率为 P；如果处于 50% 的亮度，则 $\gamma = 0.5$，相应的平均光功率为 $0.5P$。需要说明的是，如果光功率变化超过 150~200Hz，人眼感受到的是平均调光等级，而不是瞬时调光等级。

当 VLC 系统中收发机位置固定时，可以将光信道看成是准静态的，由于 LED 可近似看作是朗伯辐射体，其光强分布可用朗伯模型来描述缩略语。此时，第 i 个 PD 与第 j 个 LED 之间的信道增益 h_{ij} 可表示为

$$h_{ij} = \begin{cases} \dfrac{\mu(m+1)A_r}{2\pi d_{ij}^2} \cos^m(\phi) T_s(\psi) g(\psi) \cos(\psi), & 0 \leq \psi \leq \Psi_C \\ 0, & \psi > \Psi_C \end{cases} \tag{2-4}$$

式中：各参数物理含义如表 2-1 所列。

表 2-1 朗伯辐射模型各参数物理含义

参数	物 理 含 义
μ	接收器灵敏度
ϕ	LED 的发光角
ψ	PD 的入射角
m	朗伯辐射阶数，与 LED 半功率角 $\phi_{1/2}$ 有关，$m = -\ln 2/\ln(\cos\phi_{1/2})$
A_r	PD 的有效接收面积
d_{ij}	LED 和 PD 之间的距离
$T_s(\psi)$	滤光片响应函数
$g(\psi)$	聚光片响应函数
Ψ_C	接收机视场角（Field Of View, FOV）

针对可见光点对点通信链路，信道状态完全由收发两端的相对物理位置所确

定,具有时不变特性,其信道增益系数相对固定。不失一般性,通常可对信道增益做归一化处理。

2.3 典型调光信号设计方案

OOK调制方式因其操作简单,被广泛应用到VLC中,利用光信号的快速通断产生明暗两种状态,分别代表二进制比特"1"和"0",从而实现数据传输。通常情况下,二进制比特"1"和"0"等概率传输,此时调光等级可视为 $\gamma = 0.5$。由于LED工作区域具有非线性的特点,采用CCR调光方案通常会产生色度漂移问题,影响通信、照明性能。因此,现有调光方案多采用特定调制编码技术,改变二进制比特"1"和"0"的传输概率,进而实现调光控制功能。下面主要介绍IEEE 802.15.7标准中和目前应用较广、性能较优的几种一阶调光信号设计方案。

2.3.1 逆源编码

信源编码是一种数据压缩方案,产生等概率二进制比特"1"和"0",从而使信源熵最大化。相比之下,基于ISC的调光信号设计方案可看作信源编码的逆过程,通过特定编码原则将二进制比特"1"和"0"进行非等概率传输,从而实现调光控制。此时,二进制比特"1"和"0"传输概率可分别表示为 $p_1 = \gamma$ 和 $p_0 = 1 - \gamma$,可实现调光等级为 γ。由此可以得到,ISC调光方案的频谱效率等于信源熵,可记为

$$\eta_{\mathrm{ISC}} = -\gamma \log_2(\gamma) - (1-\gamma)\log_2(1-\gamma) \tag{2-5}$$

然而,ISC调光方案存在固有缺陷,相较于编码器输入的二进制比特数,其译码器输出比特数可能会产生变化,出现增多或者减少的问题,导致后续码字顺序错乱。因此,ISC调光方案需要在几乎无噪的环境下完成数据传输,实用性严重受限。

2.3.2 可变开关键控

基于可变开关键控(VOOK)的调光信号设计方案结合了OOK与PWM两种调制方式,其中OOK信号可实现数据传输,PWM实现调光控制。VOOK传输符号周期被划分为 n 个时隙(帧),包括数据帧和空闲帧两个部分,并根据所需调光等级确定数据帧和空闲帧的脉冲数,如图2-2(a)所示为调光等级 $\gamma = 0.7$ 时VOOK符号结构示意图。然而,当调光等级过高或过低时,空闲帧相应增加,而过多的空闲帧会造成频谱效率性能降低。例如,当一个符号数据帧与空闲帧长度相同时,如果空闲帧全为"1",则调光等级 $\gamma = 0.75$;同样,如果空闲帧全为"0",则调光等级 $\gamma = 0.25$。针对上述两种调光等级,相较于不添加空闲帧的传输符号,其频谱效率减半。由此,可以得到VOOK调光方案的频谱效率为

$$\eta_{\text{VOOK}} = \begin{cases} 2 - 2\gamma, & \gamma > 0.5 \\ 2\gamma, & \gamma \leq 0.5 \end{cases} \quad (2-6)$$

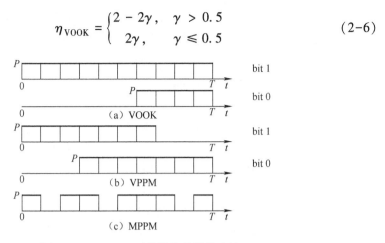

图 2-2　$\gamma = 0.7$ 时传输符号结构比较

2.3.3　可变脉冲位置调制

基于可变脉冲位置调制(VPPM)的调光信号设计方案结合了 2-PPM 与 PWM 两种调制方式,其中 2-PPM 信号完成数据传输功能,PWM 实现调光控制。VPPM 符号周期被划分为 n 个时隙(帧),脉冲宽度由脉冲的游程长度决定,所需调光等级通过改变光脉冲宽度来实现,如图 2-2(b)所示为调光等级 $\gamma = 0.7$ 时 VPPM 符号结构示意图。例如,当调光等级 $\gamma = 0.5$ 时,VPPM 符号可视为 2-PPM 信号;当 VPPM 符号脉冲宽度减半时,调光等级 $\gamma = 0.25$;相应地,其脉冲宽度增加一半时,调光等级 $\gamma = 0.75$。由此,可以得到 VPPM 调光方案的频谱效率为

$$\eta_{\text{VPPM}} = \begin{cases} 1 - \gamma, & \gamma > 0.5 \\ \gamma, & \gamma \leq 0.5 \end{cases} \quad (2-7)$$

2.3.4　多脉冲位置调制

在基于多脉冲位置调制(MPPM)的调光信号设计方案中,MPPM 符号周期被划分为 n 个时隙(帧),如图 2-2(c)所示为调光等级 $\gamma = 0.7$ 时 MPPM 符号结构示意图。其中有 ω 个光脉冲($1 \leq \omega \leq n$),可记为 (n,ω)-MPPM 符号,由此可形成传输码字数为 C_n^ω 个,传输比特数为 $k = \lfloor \log_2 C_n^\omega \rfloor$。此时,调光控制可通过改变参数 ω 的值完成,调光等级可表示为 $\gamma = \dfrac{\omega}{n}$。由此,可以得到 MPPM 调光方案的频谱效率为

$$\eta_{\text{MPPM}} = \frac{\lfloor \log_2 C_n^w \rfloor}{n} \quad (2-8)$$

式中:$\lfloor t \rfloor$ 为不超过 t 的最大值。可以发现,随着 n 的增加,MPPM 调光方案频谱效率性能随之提升;然而,这同样增加了操作复杂度和数据存储要求。

2.4 MIMO-VLC 可调光系统

VLC 系统具有多照明设备的特点,形成了一种天然的 MIMO 通信系统,利用多个 LED 灯具来完成高速通信和调光控制功能,为实现 MIMO-VLC 可调光系统提供了物理基础。与传统的射频通信不同,VLC 属于基带传输,通过 IM/DD 方式进行数据传输,发送端 LED 控制光功率变化,这使得射频通信中很多已有成熟理论无法直接应用到现有 MIMO-VLC 可调光系统中。

针对可见光通信系统中多 LED 多终端的 MIMO 环境下,可利用空间资源进一步提升 MIMO-VLC 可调光系统性能,基本的 MIMO-VLC 可调光系统模型如图 2-3 所示。其中,包含 N_t 个发射器 LED 和 N_r 个接收器 PD,在发射端可通过"调光控制器"进行光亮度调节。传输信号星座可表示为 $S = \{x_1, x_2, \cdots, x_M\}$,各传输信号相互独立且发送概率相等,其中第 k 个传输信号矢量 $x_k = [x_{k1}, x_{k2}, \cdots, x_{kN_t}]^T$ 可被视为传输信号星座 S 的一个星座点,此时星座规模可表示为 $M = |S| = 2^K$。与传统射频通信不同,VLC 系统中传输信号需要保持非负性,即信号星座需要满足 $S \subset \mathbb{R}_+^{N_t}$,其中 $\mathbb{R}_+^{N_t} = \{[x_1, x_2, \cdots, x_{N_t}] | x_1, x_2, \cdots, x_{N_t} \geq 0\}$。经光信道传输,接收信号 y 可表示为

$$y = Hx + n \tag{2-9}$$

式中:H 为 $N_r \times N_t$ 光信道矩阵;n 为与传输信号相互独立的加性高斯白噪声,其均值为 0,方差为 σ^2。

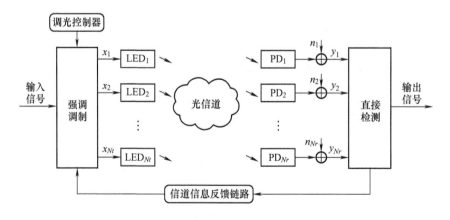

图 2-3 MIMO-VLC 可调光系统模型

考虑 LOS 链路传输,当收发机位置固定后,此时信道可视为时不变的,此时可以得到确定的信道状态信息,并通过"信道信息反馈链路"传递给发射机。本质上,不同的收发器位置其信道状态信息存在差异,可通过信道条件数来测量,即

$$\text{cond}(\boldsymbol{H}) = \|\boldsymbol{H}\| \cdot \|\boldsymbol{H}^{-1}\| \tag{2-10}$$

其中,不同 LED 会造成光束重叠现象,此时信道条件数往往较高,导致信道相关性增大,MIMO-VLC 系统中独立传输信道减少。

2.5 多色 VLC 可调光系统

随着 LED 产业的迅速发展,一种新型的多色 LED 得到越来越广泛的使用,它利用多个单色光混合在一起来实现白光照明。相比于传统的荧光粉 LED,基于多色 LED 的 VLC 可调光系统可实现多路数据传输,有效提高系统传输效率,极具研究价值。

2.5.1 多色 LED 色度学相关理论

2.5.1.1 色度

色度是人眼感知颜色的基本特征,国际照明委员会(Commission Internationale de L'Eclairage,CIE)制订了一系列色度学标准,其中就包括 CIE1931 颜色系统,用数学方法描述人眼对物体颜色的感知。CIE1931 颜色系统是一个由 $x-y$ 直角坐标系构成的二维平面图,每一点都代表一种确定的颜色,其色度坐标可表示为 (x,y)。在多色 VLC 可调光系统中,第 i 个单色 LED 灯芯的色度坐标可表示为 (x_i,y_i),根据格拉斯曼定律(Grassmann Law),所需混合光的色度坐标可表示为

$$\hat{x} = \frac{\boldsymbol{a}^\text{T}\boldsymbol{\Phi}}{\boldsymbol{b}^\text{T}\boldsymbol{\Phi}} = \frac{\sum_{i=1}^{N}\frac{x_i}{y_i}\Phi_i}{\sum_{i=1}^{N}\frac{1}{y_i}\Phi_i}, \quad \hat{y} = \frac{\boldsymbol{1}^\text{T}\boldsymbol{\Phi}}{\boldsymbol{b}^\text{T}\boldsymbol{\Phi}} = \frac{\sum_{i=1}^{N}\Phi_i}{\sum_{i=1}^{N}\frac{1}{y_i}\Phi_i} \tag{2-11}$$

式中:$\boldsymbol{a} = \left[\frac{x_1}{y_1},\frac{x_2}{y_2},\cdots,\frac{x_N}{y_N}\right]^\text{T}$ 和 $\boldsymbol{b} = \left[\frac{1}{y_1},\frac{1}{y_2},\cdots,\frac{1}{y_N}\right]^\text{T}$ 为常数系数;$\boldsymbol{\Phi} = [\Phi_1,\Phi_2,\cdots,\Phi_N]^\text{T}$ 为各单色 LED 所分配的光通量值;N 为多色 LED 灯芯的数量。

2.5.1.2 高斯 LED 光谱模型

多色 VLC 可调光系统存在固有的重叠光谱串扰问题,其功率谱分布可以建模为高斯光谱模型,即

$$\begin{cases} S(\lambda) = \dfrac{g(\lambda,\lambda_0,\Delta\lambda_{0.5}) + 2g^5(\lambda,\lambda_0,\Delta\lambda_{0.5})}{3} \\ g(\lambda,\lambda_0,\Delta\lambda_{0.5}) = \exp\{-[(\lambda-\lambda_0)/\Delta\lambda_{0.5}]^2\} \end{cases} \tag{2-12}$$

式中：λ_0 和 $\Delta\lambda_{0.5}$ 分别为峰值波长和半谱宽。多色 LED 的重叠光谱会导致颜色串扰问题，而滤光片无法完全分离干扰光，同时颜色串扰问题通常只发生在两个相邻的色带之间。

2.5.2 多色 VLC 可调光系统模型

在多色 VLC 可调光系统中，通常采用 IM/DD 的方式进行数据传输，在发射端可通过"调光控制器"进行光亮度调节。其中，发射端为包含 N 个灯芯的多色 LED，接收端为 N 个 PD 和相应颜色的滤光片。因此，N 路传输数据可形成多路并行传输的 CMIMO 模型，如图 2-4 所示。在发射端，源数据向量可表示为 $\boldsymbol{d} = [d_1, d_2, \cdots, d_N]^T$，采用 PAM 调制方式，$M$ 阶 PAM 信号归一化范围为 $[-1, 1]$，其中 M 为调制阶数。此时，传输信号 s 可以表示为

$$s = \boldsymbol{\gamma} \circ \boldsymbol{d} + \boldsymbol{I}_{\text{DC}} \tag{2-13}$$

其中，采用信号放大器可充分利用 LED 调节电流的动态范围，其放大系数可表示为 $\boldsymbol{\gamma} = [\gamma_1, \gamma_2, \cdots, \gamma_N]^T$，表示 Hadamard 乘积。为保证输入信号非负性，需添加直流偏置 $\boldsymbol{I}_{\text{DC}} = [I_{\text{DC}}^1, I_{\text{DC}}^2, \cdots, I_{\text{DC}}^N]^T$。由于 $E[\boldsymbol{\gamma} \circ \boldsymbol{d}] = \boldsymbol{0}$，所以直流偏置大小决定调光等级。

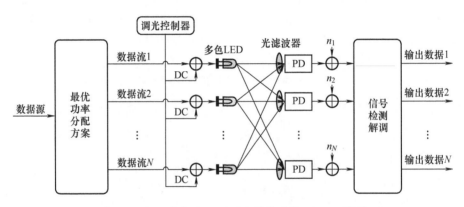

图 2-4 基于多色 LED 可见光通信系统 CMIMO 模型

多色 VLC 可调光系统存在固有的重叠光谱串扰问题，尽管使用了滤光片，但也会产生颜色串扰问题，此时颜色串扰矩阵 T 可表示为

$$T = \begin{bmatrix} 1-\tau & \tau & 0 & \cdots & 0 \\ \tau & 1-2\tau & \tau & \ddots & \vdots \\ 0 & \ddots & \ddots & \ddots & 0 \\ \vdots & \ddots & \tau & 1-2\tau & \tau \\ 0 & \cdots & 0 & \tau & 1-\tau \end{bmatrix}_{N \times N} \tag{2-14}$$

式中：τ 为颜色串扰系数。相应地，传统 WDM 模型通常不考虑颜色串扰问题，其

颜色串扰系数可视为 $\tau = 0$。

在接收端,经 PD 检测所需特定波长的光信号,此时接收信号可表示为

$$r = THs + n \tag{2-15}$$

由于多色 LED 灯芯间隔很小,与收发器之间的距离相比可以忽略不计,此时信道矩阵 H 可表示为 $H = \mathrm{diag}([h_{11}, h_{22}, \cdots, h_{NN}])$,其中 $\mathrm{diag}(\cdot)$ 表示对角矩阵。n 可视为与传输信号相互独立的加性高斯白噪声,其均值为 0,方差为 σ^2。

将式(2-13)与式(2-15)合并,接收信号 r 可表示为

$$r = TH\gamma \circ d + THI_{DC} + n \tag{2-16}$$

式(2-16)中直流项 THI_{DC} 不包含传输信息。因此,在信号检测时可以滤除掉,得到

$$\tilde{r} = TH\gamma \circ d + n \tag{2-17}$$

需要说明的是,设定第 i 个接收端 PD 仅对第 i 个单色 LED 的数据信息感兴趣,而来自其他 LED 灯芯的数据则可视为干扰。此时,第 i 个接收端 PD 所接收的信号可记为

$$\tilde{r}_i = t_{ii} h_{ii} \gamma_i d_i + \sum_{j=1, j \neq i}^{N} t_{ij} h_{jj} \gamma_j d_j + \sigma^2 \tag{2-18}$$

式中:t_{ij} 为颜色串扰矩阵 T 的第 i 行和第 j 列中的项。

参 考 文 献

[1] Komine T, Nakagawa M. Fundamental analysis for visible-light communication system using LED lights [J]. Consumer Electronics IEEE Transactions on, 2004, 50(1):100-107.

[2] Rajagopal S, Roberts R D, Lim S K. IEEE 802.15.7 visible light communication: modulation schemes and dimming support [J]. IEEE Communications Magazine, 2012, 50(3):72-82.

[3] Lim S K, Ruling K, Kim I, et al. Entertainment lighting control network standardization to support VLC services [J]. IEEE Communications Magazine, 2013, 51(12):42-48.

[4] Zafar F, Karunatilaka D, Parthiban R. Dimming schemes for visible light communication: the state of research [J]. IEEE Wireless Communications, 2015, 22(2):29-35.

[5] Karunatilaka D, Zafar F, Kalavally V, et al. LED based indoor visible light communications: State of the art [J]. IEEE Communications Surveys & Tutorials, 2015, 17(3): 1649-1678.

[6] Gancarz J, Elgala H, Little T D C. Impact of lighting requirements on VLC systems [J]. IEEE Communications Magazine, 2013, 51(12):34-41.

[7] 杜英东. 室内可见光通信系统调光控制技术的研究 [D]. 大连:大连海事大学, 2016.

[8] Feng Z, Guo C, Yang Y, et al. A spatial dimming scheme based on transmit antenna selection for multiuser MISO VLC systems [C]. IEEE International Conference on Communications Workshops. IEEE, 2017:11-16.

[9] Dyble M, Narendran N, Bierman A, et al. Impact of dimming white LEDs: chromaticity shifts due to different dimming methods [C]. Fifth international conference on solid state lighting. International Society for Optics and Photonics, 2005: 59411H.

[10] Jang H J, Choi J H, Ghassemlooy Z, et al. PWM-based PPM format for dimming control in visible light communication system [C]. Communication Systems, Networks & Digital Signal Processing (CSNDSP), 2012 8th International Symposium on. IEEE, 2012: 1-5.

[11] Lee K, Park H. Modulations for visible light communications with dimming control [J]. IEEE photonics technology letters, 2011, 23(13): 1136.

[12] Kwon J K. Inverse source coding for dimming in visible light communications using NRZ-OOK on reliable links [J]. IEEE Photonics Technology Letters, 2010, 22(19): 1455-1457.

[13] Kim S, Jung S Y. Novel FEC coding scheme for dimmable visible light communication based on the modified Reed-Muller codes [J]. IEEE photonics Technology Letters, 2011, 23(20): 1514-1516.

[14] Kim S, Jung S Y. Modified Reed-Muller coding scheme made from the bent function for dimmable visible light communications [J]. IEEE Photonics Technology Letters, 2013, 25(1): 11-13.

[15] Kim J, Park H. A coding scheme for visible light communication with wide dimming range [J]. IEEE Photonics Technology Letters, 2014, 26(5): 465-468.

[16] Kim S. Adaptive FEC codes suitable for variable dimming values in visible light communication [J]. IEEE Photonics Technology Letters, 2015, 27(9): 967-969.

[17] Wang H, Kim S. Dimming control systems with polar codes in visible light communication [J]. IEEE Photonics Technology Letters, 2017, 29(19): 1651-1654.

[18] Fang J, Che Z, Jiang Z L, et al. An Efficient Flicker-Free FEC Coding Scheme for Dimmable Visible Light Communication Based on Polar Codes [J]. IEEE Photonics Journal, 2017, 9(3): 1-10.

[19] Ahn K I, Kwon J K. Capacity analysis of M-PAM inverse source coding in visible light communications [J]. Journal of Lightwave Technology, 2012, 30(10): 1399-1404.

[20] Lee S H, Ahn K I, Kwon J K. Multilevel transmission in dimmable visible light communication systems [J]. Journal of Lightwave Technology, 2013, 31(20): 3267-3276.

[21] Siddique A B, Tahir M. Bandwidth efficient multi-level MPPM encoding decoding algorithms for joint brightness-rate control in VLC systems [C]. IEEE Global Communications Conference (GLOBECOM), 2014: 2143-2147.

[22] Wang Z, Zhong W D, Yu C, et al. Performance of dimming control scheme in visible light communication system [J]. Optics express, 2012, 20(17): 18861-18868.

[23] You X, Chen J, Zheng H, et al. Efficient data transmission using MPPM dimming control in indoor visible light communication [J]. IEEE Photonics Journal, 2015, 7(4): 1-12.

[24] Elgala H, Little T D C. Reverse polarity optical-OFDM (RPO-OFDM): dimming compatible OFDM for gigabit VLC links [J]. Optics express, 2013, 21(20): 24288-24299.

[25] Yang Y, Zeng Z, Cheng J, et al. An enhanced DCO-OFDM scheme for dimming control in visible light communication systems [J]. IEEE Photonics Journal, 2016, 8(3): 1-13.

[26] Wang Q, Wang Z, Dai L. Asymmetrical hybrid optical OFDM for visible light communications with dimming control [J]. IEEE Photonics Technology Letters, 2015, 27(9): 974-977.

[27] Li B, Zhang R, Xu W, et al. Joint dimming control and transceiver design for MIMO-aided visible light communication [J]. IEEE Communications Letters, 2016, 20(11): 2193-2196.

[28] Yao S, Zhang X, Qian H, et al. Joint dimming and data transmission optimization for multi-user visible light communication system [J]. IEEE Access, 2017, 5: 5455-5462.

[29] Gong C, Li S, Gao Q, et al. Power and rate optimization for visible light communication system with lighting constraints [J]. IEEE transactions on signal processing, 2015, 63(16): 4245-4256.

[30] Jiang R, Wang Z, Wang Q, et al. Multi-user sum-rate optimization for visible light communications with lighting constraints [J]. Journal of Lightwave Technology, 2016, 34(16): 3943-3952.

[31] Liang X, Yuan M, Wang J, et al. Constellation design enhancement for color-shift keying modulation of quadrichromatic LEDs in visible light communications [J]. Journal of Lightwave Technology, 2017, 35(17): 3650-3663.

[32] Le Minh H, O'Brien D, Faulkner G, et al. 100-Mb/s NRZ visible light communications using a postequalized white LED [J]. IEEE Photonics Technology Letters, 2009, 21(15): 1063-1065.

[33] Wilkins A, Veitch J, Lehman B. LED lighting flicker and potential health concerns: IEEE standard PAR1789 update [C]. Energy Conversion Congress and Exposition (ECCE), 2010 IEEE. IEEE, 2010: 171-178.

[34] Ghassemlooy Z, Popoola W, Rajbhandari S. Optical wireless communications: system and channel modelling with Matlab® [M]. CRC press, 2012.

[35] IEEE Standard for Local and Metropolitan Area Networks Part 15.7: Short-Range Wireless Optical Communication Using Visible Light: IEEE B E. 802.15.7-2011[S]. New York: IEEE Standards Association, 2011.

[36] Zeng L, O'Brien D C, Le Minh H, et al. High data rate multiple input multiple output (MIMO) optical wireless communications using white LED lighting [J]. IEEE Journal on Selected Areas in Communications, 2009, 27(9): 1654-1662.

[37] Mesleh R, Mehmood R, Elgala H, et al. Indoor MIMO optical wireless communication using spatial modulation [C]. 2010 IEEE International Conference on Communications, IEEE, 2010: 1-5.

[38] Fath T, Haas H. Performance comparison of MIMO techniques for optical wireless communications in indoor environments [J]. IEEE Transactions on Communications, 2013, 61(2): 733-742.

[39] Hranilovic S, Kschischang F R. Optical intensity-modulated direct detection channels: signal

space and lattice codes [J]. IEEE Transactions on Information Theory, 2003, 49(6): 1385-1399.

[40] Rajbhandari S, Chun H, Faulkner G, et al. High-speed integrated visible light communication system: Device constraints and design considerations [J]. IEEE Journal on Selected Areas in Communications, 2015, 33(9): 1750-1757.

[41] Liu L, Hong W, Wang H, et al. Characterization of line-of-sight MIMO channel for fixed wireless communications [J]. IEEE Antennas and Wireless Propagation Letters, 2007, 6: 36-39.

[42] Lee K, Park H, Barry J R. Indoor channel characteristics for visible light communications [J]. IEEE communications letters, 2011, 15(2): 217-219.

[43] Ohno Y. Spectral design considerations for white LED color rendering [J]. Optical Engineering, 2005, 44(11):111302-111302-9.

[44] Dong J, Zhang Y, Zhu Y. Convex relaxation for illumination control of multi-color multiple-input-multiple-output visible light communications with linear minimum mean square error detection [J]. Applied optics, 2017, 56(23): 6587-6595.

[45] Colorimetry: understanding the CIE system [M]. John Wiley & Sons, 2007.

[46] Wyszecki G, Stiles W S. Color Science: Concepts and Methods, Quantitative Data and Formulae[M]. 2nd ed. New York, John Wiley and Sons, 1982.

[47] Cui L, Tang Y, Jia H, et al. Analysis of the Multichannel WDM-VLC Communication System [J]. Journal of Lightwave Technology, 2016,34(24):1.

[48] Zhu Y J, Liang W F, Zhang J K, et al. Space-collaborative constellation designs for MIMO indoor visible light communications [J]. IEEE Photonics Technology Letters, 2015, 27(15): 1667-1670.

[49] Zhang D F, Zhu Y J, Zhang Y Y. Multi-LED Phase-Shifted OOK Modulation Based Visible Light Communication Systems [J]. IEEE Photonics Technology Letters, 2013, 25(23):2251-2254.

第3章 可见光通信高效传输技术

3.1 可见光 MIMO 技术

单一 LED 光源有限的调制带宽是限制可见光通信高速传输的瓶颈因素,与可见光通信数百太赫频谱资源相比尚有很大差距。原因在于,商用 LED 的调制带宽较窄,一般在几兆赫到数十兆赫之间。为了使传输速率提升,一般可采取两种方案:①研究新型宽带 LED,但是 LED 的发光效率与其带宽之间存在着一定的矛盾,需要在器件的结构和材料上实现突破;②采用阵列传输,通过多灯并行工作来提高传输速率。阵列传输是可见光通信得天独厚的优势,正常的照明都是由多个 LED 共同合作完成的。也就是说,可见光通信系统是一种天然的多输入通信系统,利用多个 LED 灯具或单个灯具内多个 LED 灯芯来实现高速通信,这既符合照明和通信的双重理念,也为实现 MIMO 提供了物理基础。

3.1.1 可见光 MIMO 技术的特点

尽管大规模 MIMO 技术在移动通信中已经得到了广泛的研究和应用,但是相比于移动通信中的 MIMO(RF-MIMO)技术,VLC-MIMO 技术存在以下两点明显区别:

(1) RF-MIMO 信道传输环境一般是丰富的散射环境,且信道矩阵元素具有很强的随机性,这使得 RF-MIMO 能够根据信道的多径状态,灵活地获得分集增益和/或复用增益。而在 VLC-MIMO 中,LED 光源主要是视距传输,调制解调采用 IM/DD 方式,忽略了信号的频率和相位信息,信道矩阵中的系数在时间上是相对稳定的,导致可见光信道具有较强的空间相关性,甚至是缺秩的,极端情况下信道矩阵的秩可以为 1,难以求解。这使得 MIMO 在可见光通信系统中的应用受到极大的限制,同时 MIMO 较大的物理尺寸和系统复杂度也限制了其实际应用。

(2) VLC-MIMO 系统中发送信号和信道传输矩阵的元素都必须是非负的,这使得 RF-MIMO 技术不能直接应用于 VLC-MIMO 中。尽管已有的信号设计、空时编码等发展成熟的 RF-MIMO 技术,可通过在信号上叠加直流来保证信号的非负性,进而在 VLC-MIMO 中适用,但是直流分量带来的能量损失也会令改进后的系统传输效果很低。

以上这些问题成为了高速可见光通信传输的瓶颈,但是也可以看到,室内可见光 MIMO 也有其独特的优势,主要包括以下优势:

(1) 室内可见光通信的空间资源十分丰富。为了满足光线亮度需求,室内照明一般是由多个 LED 灯具来共同完成,每个 LED 灯具内部还包含有多个 LED 灯芯。同时,接收端也具有较高的信噪比,可以达到 60 dB,这些都是高速传输所需要的宝贵自然资源。

(2) 室内可见光通信的信道是静态信道。室内可见光通信是视距传输,其信道状态是由朗伯模型确定的,当系统用户位置和光学参数确定时,信道矩阵可以唯一确定,因此,系统可以依据接收端所在的不同位置,动态调整某些光学参数(例如发射倾角、接收倾角等)以得到较好的信道传输矩阵。

(3) 室内可见光通信的覆盖范围很小且物理可控。这不仅可以对多个 LED 发送信号联合设计以实现并行传输,而且可以通过发射端 LED 的辐射角、接收端的视场角来灵活调整每个 LED 的覆盖范围。

可以看出,为了进一步地突破可见光通信的传输速率,多个 LED 并行传输的方式将更具发展潜力。

3.1.2 系统模型

假设一个有 N_t 个发送单元和 N_r 个接收单元的可见光 MIMO 系统,如图 3-1 所示。信息比特经过串并转换(S/P)生成 N_t 路数据流,分别对 N_t 个 LED 进行非归零开关键控(Non-Return to Zero On-Off Keying,NRZ-OOK)调制。经过光信道后,N_r 个 PD 将光信号转换成电信号,并且在此加入了噪声的影响,在迫零(Zero Force,ZF)准则检测后进行并串转换(P/S),进而恢复出原始的信息比特。

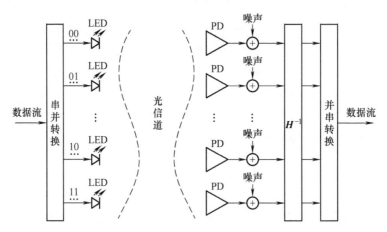

图 3-1 可见光 MIMO 系统示意图

LED 的单向导电性决定了调制 LED 的信号只能是单极性正信号,下面对单极性多进制幅度键控(MASK)可见光通信系统的误码率性能进行分析。假设 M 阶单极性信号的幅度分别为 $0, d, 2d, \cdots$,则误码率为

$$P_e = \frac{M-2}{M} P\left(|n| > \frac{d}{2}\right) + \frac{2}{M} \frac{1}{2} P\left(|n| > \frac{d}{2}\right)$$
$$= \left(1 - \frac{1}{M}\right) P\left(|n| > \frac{d}{2}\right) \tag{3-1}$$

假设噪声 n 为加性高斯白噪声,$n \sim \mathcal{CN}(0, \sigma_n^2)$,则有

$$P\left(|n| > \frac{d}{2}\right) = \frac{2}{\sqrt{2\pi}\sigma_n} \int_{\frac{d}{2}}^{\infty} e^{-\frac{x^2}{2\sigma_n^2}} dx = \mathrm{erfc}\left(\frac{d}{2\sqrt{2}\sigma_n}\right) \tag{3-2}$$

$$\mathrm{erfc}(x) = \frac{2}{\sqrt{\pi}} \int_x^{\infty} e^{-t^2} dt$$

$$P_e = \left(1 - \frac{1}{M}\right) \mathrm{erfc}\left(\frac{d}{2\sqrt{2}\sigma_n}\right) \tag{3-3}$$

信号功率 P_s 可以表示为

$$P_s = \frac{1}{M} \sum_{i=1}^{M-1} (id)^2 = \frac{(M-1)(2M-1)}{6} d^2 \tag{3-4}$$

由此可知

$$d^2 = \frac{6P_s}{(M-1)(2M-1)} \tag{3-5}$$

将式(3-5)代入式(3-1)得到满足 LED 单极性要求的误码率,即

$$P_e = \left(1 - \frac{1}{M}\right) \mathrm{erfc}\left(\sqrt{\frac{3}{4(M-1)(2M-1)}\rho}\right) \tag{3-6}$$

式中:ρ 为接收端的平均信噪比。

MIMO 系统接收信号矢量 y 可以表示为

$$\boldsymbol{y} = \boldsymbol{Hx} + \boldsymbol{n} \tag{3-7}$$

其中,信道矩阵 $\boldsymbol{H}$ 中的元素是发送端和接收端之间的直流增益,$\boldsymbol{x}$ 代表发送信号矢量,$\boldsymbol{n}$ 是 N_r 维加性高斯白噪声。使用 ZF 准则检测得

$$\boldsymbol{H}^{-1}\boldsymbol{y} = \boldsymbol{x} + \boldsymbol{H}^{-1}\boldsymbol{n} \tag{3-8}$$

由矩阵条件数知识可得 ZF 检测前的信噪比和 ZF 检测后的信噪比关系为

$$\frac{\|\boldsymbol{x}\|_F^2}{\|\boldsymbol{H}^{-1}\boldsymbol{n}\|_F^2} \geq \frac{1}{\mathrm{cond}^2(\boldsymbol{H})} \frac{\|\boldsymbol{Hx}\|_F^2}{\|\boldsymbol{n}\|_F^2} \tag{3-9}$$

由此可见,接收端采用 ZF 检测的缺点是放大了噪声,降低了信噪比,且信道矩阵条件数越大,信噪比降低得越多。结合式(3-6)和式(3-9)可以得到 MIMO

系统采用 ZF 准则检测的误码率上限为

$$P_e^{\text{UB}} = \left(1 - \frac{1}{M}\right)\text{erfc}\left(\sqrt{\frac{3}{4(M-1)(2M-1)}\rho/\text{cond}^2(\boldsymbol{H})}\right) \quad (3-10)$$

3.1.3 典型调制方式

可见光 MIMO 典型调制方式有重复编码(Repetition Coding,RC)、空间复用(Spatial Multiplexing,SMP)、空间调制(Spatial Modulation,SM)。

重复编码是指多天线同时传输且传输的信息相同,利用重复信息系统可获得低误码率。在自由空间光通信中,重复编码是 MIMO 技术中最简单的传输技术,且能获得很好的性能。但是其频带利用率仅为 $\log_2 M$,其中 M 为调制阶数。其缺点是不能提供空间多路增益,且高速传输时需要大面积符号星座。

如图 3-2 所示为重复编码的系统框图。

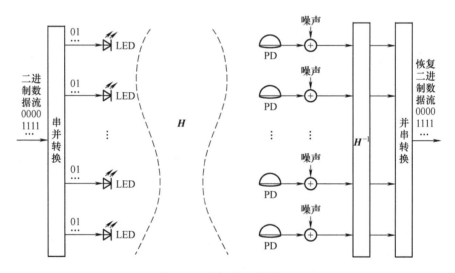

图 3-2 重复编码系统框图

空间复用是指多天线同时传输但传输的信息不同,利用多路增益可获得高传输速率。空间复用系统框图类似于重复编码,但传输的信息不同,因此,空间复用技术的频谱利用率为 $N_t \log M$,N_t 表示发送端 LED 的个数。当信道相关性足够小时,空间复用技术的传输特点使其能获得最有效的频谱效率。但其缺点是系统容错率低,即信息传递时信道相关性足够小。

空间调制是指利用不同发送端到接收端的信息增益不同,借助发送天线的位置传递信息,依靠信道间差异解码。空间调制将传统的信号星座图拓展到了空间域,频带利用率有了很大提升,即 $\log_2 M + \log_2 N_t$。相比较于其他 MIMO 技术,空间调制技术在任意时刻只有一个天线是有效的,译码复杂度低。但其缺点是对发射天线数量必须为 2 的 n 次方;接收端需知晓完整的信道状态信息,对天线序列号和传输信息进行判断。

图 3-3 所示为空间调制系统框图。

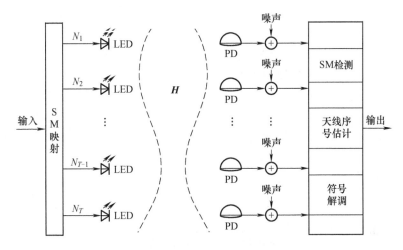

图 3-3 空间调制系统框图

3.2 可见光 OFDM 技术

在 VLC 系统中,接收端接收到的信号除了直射信号以外,还有经过不同路径传输过来的反射信号。由于反射信号到达接收端的时间均不一样,因此会导致信号延迟,引起相邻信号间的相互叠加,严重影响 VLC 系统的性能。如果采用开关键控(On-Off Keying,OOK)、脉冲位置调制(Pulse Position Modulation,PPM)、脉冲幅度调制(Pulse Amplitude Modulation,PAM)等调制方式,VLC 系统容易受到由多径效应引起的码间干扰(Inter-Symbol Interference,ISI)的影响。随着信息传输速率的提高,ISI 会越来越严重。多载波的正交频分复用(Orthogonal Frequency Division Multiplexing,OFDM)技术具有信息传输速率高、频谱利用率高和抗干扰性能强等优点。为了降低码间干扰的影响,OFDM 技术在无线光通信系统中得到了广泛的应用。

3.2.1 OFDM 技术特点

与单载波通信系统相比,多载波的 OFDM 系统具有许多显著的优势:

(1) 频带利用率高。OFDM 系统各子载波之间相互正交,允许频谱相互叠加而不会造成干扰,因此频带利用率要比单载波系统高很多。

（2）抗多径干扰的能力很强。OFDM 系统把输入数据分配到多个并行的子载波上，大大降低了各子载波上的码元速率，增加了码元周期，因此减弱了多径效应的影响。

（3）信息传输速率高。OFDM 系统的各个子载波可以采用高阶的调制方式，达到很高的数据传输速率。

（4）实现比较简单。用离散快速傅里叶逆变换（Inverse Fast Fourier Transform，IFFT）与离散快速傅里叶变换（Fast Fourier Transform，FFT）可以很容易地实现 OFDM 系统的调制与解调，大大降低了系统的复杂度。

（5）能与多种接入方式相结合。OFDM 技术能与时分多址（Time Division Multiple Access，TDMA）、频分多址（Frequency Division Multiple Access，FDMA）、码分多址（Code Division Multiple Access，CDMA）等多种接入方式相结合，提高系统的性能。

如上所述，OFDM 技术具有许多突出的优点，应用在 VLC 系统中具有非常广阔的前景，但它也存在着一些明显的缺点，主要表现在：

（1）OFDM 信号的峰均比比较高。由于 OFDM 信号是由多个子载波信号相互叠加而成，当各子信号的相位相同时，就有可能产生高峰均比的叠加信号。高峰均比的 OFDM 信号会对系统中的非线性器件提出比较高的要求。一方面，为了让信号无失真地进行传输，这些器件要有比较大的线性动态范围，这样会降低系统的传输效率，增加系统的复杂度；另一方面，线性范围比较窄的非线性器件会对高峰均比信号进行限幅，引起信号失真，造成系统的性能下降。

（2）OFDM 系统对同步要求高。OFDM 系统的各子载波之间必须保证严格的正交关系。因此，OFDM 技术对同步的要求比较高，否则会破坏各子载波之间的正交关系，导致子载波间干扰，大大降低系统的性能。

3.2.2 可见光 OFDM 特点

OFDM 技术虽然在传统的射频（RF）通信中得到广泛的应用，但是要将其应用到光无线通信系统中，还需厘清二者的不同本质。二者比较如表 3-1 所列。

表 3-1 RF-OFDM 系统与 VLC-OFDM 系统的比较

	信息承载方式	信号形式	检测方式
RF 系统	电信号	双极性复信号	相干检测
VLC 系统	光强信号	单极性实信号	直接检测

从表 3-1 可以看出，RF-OFDM 系统与 VLC-OFDM 系统的不同之处主要表现在：

（1）在 RF-OFDM 系统中，传输信息是以电信号作为载波，OFDM 信号是用来调制载波的相位、振幅等参数。因此，RF 系统中 OFDM 信号是双极性的复信号。但是在 VLC 系统中，发射端是采用强度调制方式，信息以光信号作为载波，OFDM 基带信号是用来调制光的强度，故 OFDM 基带信号必须是实信号。另外，VLC 系统是利用信号的包络变化来对光强进行调制，而光强不可能为负值。因此，可见光 OFDM 调制信号必须是正的实信号。

（2）在 RF-OFDM 系统中，发射端用天线发射出无线电波；而在 VLC-OFDM 系统中，发射端是用 LED 将电信号转换成光信号，发射的是光波。

（3）在 RF-OFDM 系统中，接收端用天线来接收信号，通常采用相干检测的方式；而在 VLC-OFDM 系统中，接收端是用光电检测器接收到光信号，再将其转换成电信号，考虑到成本和系统复杂度等因素，通常采用平方律探测器来直接检测光信号的强度。

因此，传统的 OFDM 调制方式必须进行适当的改进才能应用在 VLC-OFDM 系统中。在 VLC 系统中，通常是在 IFFT 的输入端，将各子载波上的频域符号映射成厄米特(Hermitian)共轭对称的形式，这样将频域符号经过 IFFT 变换后，输出的 OFDM 时域信号为实信号。但是此实信号是双极性的，还要将其转换成正的单极性信号。

3.2.3 典型可见光 OFDM 技术

目前提出了多种形式的可见光单极性 OFDM 调制方式，主要包括：

（1）DCO-OFDM 技术：通过在双极性 OFDM 实信号上添加一个直流偏置(Direct Current-biased)信号来产生单极性信号。

（2）ACO-OFDM 技术：除了要求频域符号形成 Hermitian 对称的形式外，还要求只有奇子载波携带数据信息，而偶子载波不携带信息，即：频域符号只映射到奇子载波上，偶子载波置为零。这样经过 IFFT 变换后，得到的实信号具有半波对称的性质，然后以零值为基准进行限幅，将小于零的采样值都置为零，而大于零的采样值保持不变。

（3）Flip-OFDM 技术：从双极性 OFDM 实信号中提取出正信号和负信号，分别进行传输来获得单极性信号。

（4）U-OFDM 技术：IFFT 后得到双极性实信号，对每个时域采样值重新编码获得一对新的时域采样值，得到单极性信号。

下面将对上述几种可见光 OFDM 技术进行详细分析，并比较它们的性能。

3.2.3.1 DCO-OFDM 技术

DCO-OFDM 调制方式是 VLC 系统中典型的光信号调制方式。它是通过添加直流偏置的方法将双极性的 OFDM 信号转换成单极性的实信号。图 3-4 给出了

DCO-OFDM 通信系统的原理框图。

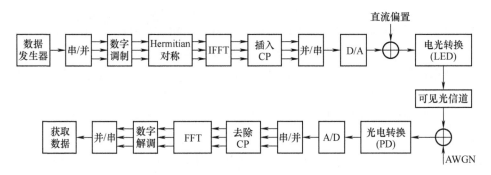

图 3-4 可见光 DCO-OFDM 通信系统原理框图

为简单起见,这里省去了编码和信道估计以及同步的步骤。数据发生器产生一路高速串行的二进制数据流,经过串并转换成多路并行的低速子载波数据流。这样做的好处在于当数据传输速率相同时,并行传输的每个符号周期要比串行传输大很多,可以减小多径效应引起的码间干扰的影响。再对各个子载波数据采用某种调制方式映射成 OFDM 频域符号,可采用的调制映射方式有 QAM、QPSK、PSK 等。假设得到的输出符号为 $X = \{X_0, X_1, \cdots, X_{N/2-1}\}$,其中 N 为子载波个数。

为了满足 OFDM 基带信号必须为正信号的要求,一般在 IFFT 变换的输入端将频域符号映射成 Hermitian 对称的形式,满足 $X_n = X_{N-n}^*$,$n = 1, 2, \cdots, N-1$,即得到的 DCO-OFDM 频域数据符号可以记为 $X = [X_0, X_1, \cdots, X_{N/2-1}, X_{N/2}, X_{N/2-1}^*, \cdots, X_1^*]^T$,其中:$X_{N/2-1}^*, \cdots, X_1^*$ 分别表示 $X_{N/2-1}, \cdots, X_1$ 的共轭复数;X_0 和 $X_{N/2}$ 一般设置为零,不携带数据信息。设第 k 个子载波上的频域符号为 $X_k = a_k + jb_k$,$k = 0, 1, \cdots, N-1$,则对频域符号 X 进行 IFFT 变换后得到的 OFDM 时域信号可以表示为

$$x(n) = \sum_{k=0}^{N-1} X_k \cdot e^{j2\pi kn/N}, \; n = 0, 1, \cdots, N-1 \tag{3-11}$$

进一步展开,可得

$$\begin{aligned}
x(n) &= X_0 + \sum_{k=1}^{N/2-1} X_k \cdot e^{j2\pi kn/N} + X_{N/2} e^{j\pi n} + \sum_{k=N/2+1}^{N-1} X_{N-k}^* \cdot e^{j2\pi kn/N} \\
&= \sum_{k=1}^{N/2-1} (a_k + jb_k) \cdot e^{j2\pi kn/N} + \sum_{k=N/2+1}^{N-1} (a_{N-k} - jb_{N-k}) \cdot e^{j2\pi kn/N} \\
&= \sum_{k=1}^{N/2-1} (a_k + jb_k) \cdot e^{j2\pi kn/N} + \sum_{k=1}^{N/2-1} (a_k - jb_k) \cdot e^{-j2\pi kn/N} \\
&= 2 \sum_{k=0}^{N/2-1} \left(a_k \cos \frac{2\pi kn}{N} - b_k \sin \frac{2\pi kn}{N} \right), n = 0, 1, \cdots, N-1
\end{aligned} \tag{3-12}$$

可以看到,满足 Hermitian 对称的复数据符号经过 IFFT 变换后得到的 OFDM 时域信号是实信号。得到的长度为 N 的序列代表了 OFDM 时域信号的 N 个采样值。由于只有一半的子载波携带数据符号信息,另一半子载波携带数据符号的复共轭信息,因此 DCO-OFDM 系统的频谱效率降为原来的一半。

为了减小码间干扰的影响,需要在 OFDM 时域信号中插入循环前缀,也就是将 OFDM 信号的后一部分数据复制到信号之前。循环前缀的长度取决于信道的最大时延。图 3-5 给出了插入循环前缀的 OFDM 符号结构。循环前缀的插入有效消除了码间干扰和载波间干扰(Inter-Carrier Interference,ICI)的影响,但同时也引入了冗余信息,降低了系统的传输效率。

图 3-5　插入循环前缀的 OFDM 符号结构

将输出的并行信号经过并串变换得到一路串行的 OFDM 信号,再通过数模转换器(Digital-to-Analog converter,D/A)转换成模拟信号。需要注意的是,此时信号是双极性的实信号,需要将其转换成单极性信号。因此,在信号通过 LED 发射出去之前,在 OFDM 信号上加载一个直流偏置信号,得到单极性的 OFDM 信号。设经过 D/A 转换后的 OFDM 信号为 $x_0(t)$,则添加直流偏置电流后的输出信号可以表示为

$$x(t) = x_0(t) + B_{DC} \tag{3-13}$$

式中:B_{DC} 为偏置电流。图 3-6 给出了添加直流偏置前后的 OFDM 时域信号示意图。这里直流偏置的大小为双极性 OFDM 信号的最小采样值的绝对值。

DCO-OFDM 系统中,直流偏置 B_{DC} 的大小对系统的性能有很大的影响。合适的 B_{DC} 取决于信号的星座图规模大小。若 B_{DC} 比较小,一些负信号由于不能转换为正信号而被削掉,由此会产生限幅噪声。B_{DC} 越小,产生的限幅噪声也越大。反过来,在给定的误码率情况下,星座图规模越大,所需的 B_{DC} 也越大。但是,较大的直流偏置可能会使信号幅度超出 LED 的线性范围,引起信号失真,而且会造成 DCO-OFDM 系统的功率利用率很低。因此,直流偏置的选择要适当。

输出的单极性 OFDM 信号经过 LED 以光信号的形式发射出去。在接收端,信号的解调是发射端的相反过程。利用 PD 将接收到的光强信号转换为电信号,再将信号通过模数转换(Analog-to-Digital converter,A/D)、去除循环前缀、FFT 变换等过程解调出原信号,进而实现信息的收发传输。

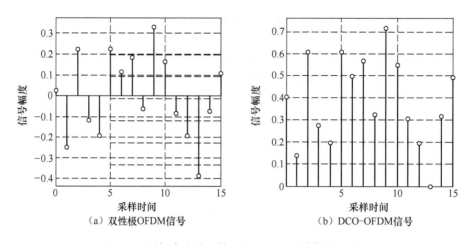

图 3-6 添加直流偏置前后的 OFDM 时域信号示意图

3.2.3.2 ACO-OFDM 技术

与 DCO-OFDM 方式一样，ACO-OFDM 调制方式是通过在 IFFT 变换的输入端频域数据映射成 Hermitian 对称的方式来产生实信号。ACO-OFDM 方式只有奇子载波携带符号数据，偶子载波不携带数据；而且它是以零值为基准，将双极性 OFDM 信号转换成单极性信号。

如图 3-7 所示为可见光 ACO-OFDM 通信系统的原理框图。首先，一路高速串行的二进制数据经过串并变换和调制映射后，产生长度为 $N/4$ 的 OFDM 频域符号，记为 $S=[X_0, X_1, \cdots, X_{N/4-1}]$，$N$ 为子载波的数量。然后，将该频域符号映射为长度为 N 的复向量 X。在 IFFT 的输入端，频域符号 S 的映射方式有两个特点：①与 DCO-OFDM 系统类似，频域符号映射成 Hermitian 对称的形式，保证经过 IFFT 后得到的 OFDM 信号为实信号；②只有奇子载波携带数据符号信息，偶子载波均置为零，即 IFFT 输入端的频域符号可以表示为

$$X = [0\ X_0\ 0\ X_1\ \cdots\ 0\ X_{N/4-1}\ 0\ X_{N/4-1}^*\ 0\ \cdots\ X_1^*\ 0\ X_0^*]^T \tag{3-14}$$

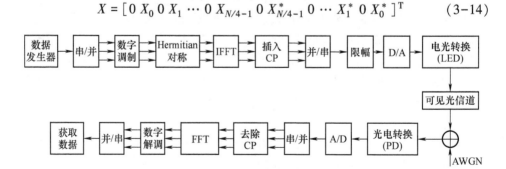

图 3-7 可见光 ACO-OFDM 通信系统原理框图

由于只有 $N/4$ 的子载波用来携带符号数据,因此 ACO-OFDM 系统的频谱效率只有 DCO-OFDM 系统的一半。最后,对输入符号向量 X 作 N 点 IFFT 变换。

由于只有奇子载波被调制,这样保证输出的 OFDM 信号 $x(n)$ 呈现半波对称的形式,满足 $x_n = -x_{n+N/2}$,即 $x(n) = [x_0, x_1, \cdots, x_{N/2-1}, -x_0, -x_1, \cdots, -x_{N/2-1}]$。输出的长度为 N 的 $x(n)$ 序列,代表基带 OFDM 时域信号的 N 个采样值。对 OFDM 信号插入循环前缀和并串转换,再对得到的信号 $s(n)$ 进行限幅。以零值为基准,将 $s(n)$ 序列中小于零的采样值置为零,而大于零的采样值保持不变,这样得到单极性的 OFDM 时域信号 $x_c(n)$,可以表示为

$$x_c(n) = \begin{cases} s(n), & s(n) \geqslant 0 \\ 0, & 其他 \end{cases} \tag{3-15}$$

图 3-8 给出了呈现半波对称的 OFDM 时域波形与限幅后的 ACO-OFDM 单极性时域信号示意图。这种非对称削波方法使信号幅度变为原来的一半,它是非线性过程,但是不会造成所传信息的丢失。因为由限幅引起的噪声均落在偶子载波上,不会影响到奇子载波上的数据信息,在接收端只提取奇子载波上的信息用来恢复原始信号。

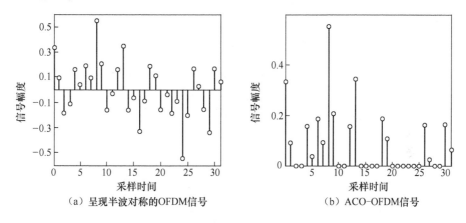

(a) 呈现半波对称的 OFDM 信号　　(b) ACO-OFDM 信号

图 3-8　时域信号示意图

单极性的 ACO-OFDM 信号经过 D/A 转换器转变成模拟信号,再通过 LED 发射出去。接收端的信号解调是发射端的逆过程,与 DCO-OFDM 系统的解调过程相类似,这里不再赘述。

3.2.3.3　Flip-OFDM 技术

与 DCO-OFDM 调制方式相似,Flip-OFDM 调制方式也是通过将 IFFT 的输入端频域符号映射成 Hermitian 对称的方法来得到双极性 OFDM 实信号。两者的区别在于,Flip-OFDM 不需要添加直流偏置,而是从双极性的 OFDM 实信号中提取出正信号部分和负信号部分,然后将这两部分信号分别通过两个连续的 OFDM 符

号进行传输。由于在传输之前将负信号进行了反转操作,因此两个子块的信号都是正信号,这样可以在可见光通信系统中进行传输。下面分析 Flip-OFDM 技术的原理。

经过 IFFT 变换后得到的双极性 OFDM 信号 $x(n)$ 可以表示为

$$x(n) = x^+(n) + x^-(n), \quad n = 0, 1, \cdots, N-1 \tag{3-16}$$

$$x^+(n) = \begin{cases} x(n), & x(n) \geq 0 \\ 0, & \text{其他} \end{cases} \tag{3-17}$$

$$x^-(n) = \begin{cases} x(n), & x(n) < 0 \\ 0, & \text{其他} \end{cases} \tag{3-18}$$

式中:$x^+(n)$ 和 $x^-(n)$ 分别为 OFDM 时域信号的正值部分和负值部分。

将得到的正信号 $x^+(n)$ 和负信号 $x^-(n)$ 分别通过两个连续的 OFDM 符号子块进行传输。第一个子块用来传输 $x^+(n)$,第二个子块用来传输 $x^-(n)$ 的反转信号 $-x^-(n)$,这样就获得了单极性的 Flip-OFDM 实信号。为了抵抗 ISI 和 ICI 的影响,需要在每个子块前添加循环前缀,如图 3-9 所示。

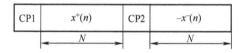

图 3-9　Flip-OFDM 信号插入循环前缀示意图

图 3-10 给出了经过 IFFT 转换后输出的双极性 OFDM 实信号及 Flip-OFDM 信号波形图。为简单起见,图中省略了插入循环前缀的过程。

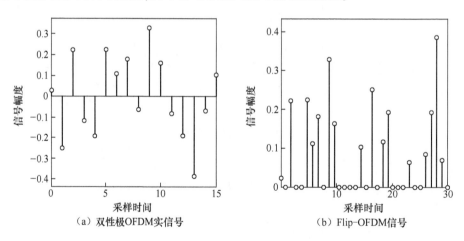

(a) 双性极OFDM实信号　　(b) Flip-OFDM信号

图 3-10　IFFT 转换后输出信号波形图

在接收端,光电检测器将接收到的光信号转换成电信号,再经过串并变换,去掉 CP 等过程,输出信号可以表示为

$$y(n) = y^+(n) - y^-(n) \qquad (3-19)$$

式中：$y^+(n)$ 和 $y^-(n)$ 分别为接收到的第一个子块和第二个子块的时域采样值。最后将输出信号进行 FFT 解调，恢复出原始数据。

3.2.3.4 U-OFDM 技术

新型单极性光 OFDM(U-OFDM)是利用 OFDM 时域信号的不同状态来传递信息，以满足可见光通信信号必须为单极性实信号的要求。

在 U-OFDM 系统中，在得到 OFDM 双极性实信号后，对每个 OFDM 时域采样值重新编码成一对新的采样值。编码的方法是：如果原来的 OFDM 时域采样值为正值，那么编码后的第一个采样值就是"有效"的，第二个采样值就是"无效"的；如果原来的 OFDM 时域采样值为负值，那么编码后的第一个采样值就是"无效"的，第二个采样值是"有效"的。有效的子载波用来携带数据信息，采样值大小与原始信号的采样值的绝对值相等，无效的子载波不携带信息，采样值大小置为零，这样就得到单极性实信号，如图 3-11 所示。

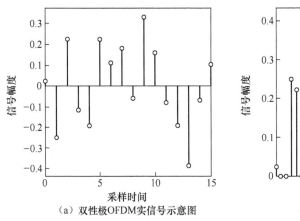
（a）双性极OFDM实信号示意图

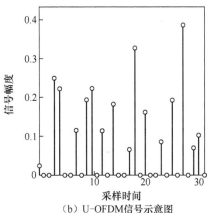
（b）U-OFDM信号示意图

图 3-11　U-OFDM 时域信号示意图

在接收端，当光电检测器接收到光信号时，将其转换成电信号。对每一对时域采样值进行检测，较高的采样值被认为是"有效"的，而较低的采样值被认为是"无效"的。有效采样值和无效采样值的相对位置决定了原始信号的极性。

U-OFDM 系统中，由于原始信号的每个采样值都重新编码成两个采样值，因此与 ACO-OFDM 系统一样，U-OFDM 系统的频谱效率也是 DCO-OFDM 系统的一半。

3.3　可见光成像通信技术

传统 VLC 通常使用 LED 作为发送端，采用 IM/DO 方法，利用 PD 来进行接收。而实际中照明通常由一组 LED 或者 LED 阵列来完成,近年来,利用终端上的相机等电荷耦合器件(Charge Coupled Device,CCD)或 CMOS 成像器件来接收 LED 阵列或者 LCD 发出的信息进而完成通信的理念被提出并迅速发展。由于接收端是对相机收到的每帧图像进行处理,因此又被称为可见光成像通信(Optical Camera Communication, OCC)。

目前,可见光成像通信在室内外高速通信系统、智能交通系统(Intelligent Transportation System, ITS)、室内精确定位系统、隐式信息传输系统等众多领域都有广阔的应用前景。在可见光成像通信应用在 ITS 中时,车辆可以通过车载高速相机(行车记录仪等)来接收交通灯广播的等待时间、附近路况等信息,同时车辆之间也可以借助车辆照明灯、刹车指示灯等来进行通信,及时接收被前(后)车遮挡的路况信息、周边车辆的车况信息,甚至可以直接进行通信。应用 ITS 对缓解交通拥堵、降低事故发生率有重要意义,在未来无人驾驶领域具有广阔前景。

可见光成像通信系统通常利用 LED 阵列作为发送端,与传统可见光通信类似,利用强度调制驱动 LED 发光,使其携带信息;接收端一般采用高速相机等 CCD/CMOS 成像器件,光线经过滤光片、透镜等光学系统汇聚后激发图像传感器成像,通过对图像处理来检测、提取信息。

3.3.1 系统模型

可见光成像通信系统框图如图 3-12 所示,发送信息在发送端经过强度调制和空间调制等处理后,经驱动电路加载到 LED 阵列上。经空间信道传播后,光线通过透镜等光学系统在成像器件上清晰成像,借助图像处理相关技术实现有效图像区域的识别与提取,随后对亮度、空间等信息进行检测,通过解调模块实现信息的恢复。

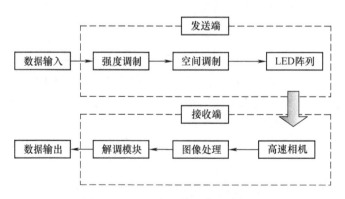

图 3-12　可见光成像通信系统框图

在可见光成像通信系统中,发送单元发出的光束强度在峰值功率约束条件下,与输入信号的调制强度成正比关系。在典型的红外通信中,信道特性通常由多径信道下的脉冲响应来衡量,而可见光信道由于脉冲响应相对较慢,因此一般采用静态的信道直流增益来反映信道特性。考虑可见光通信收发端对准较高的特点,往往忽略符号间串扰、多径衰减以及多普勒频移效应。

可见光成像通信系统模型如图 3-13 所示,设发送端有 K 个发送单元,接收端的有效感应区域包含 $I \times J$ 个像素点。接收到的矢量信号 Y 可以表示为

$$Y = \sum_{k=1}^{K} H_k x_k + N \tag{3-20}$$

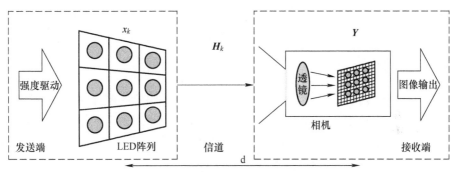

图 3-13 可见光成像通信系统模型

这里接收信号矩阵 Y 包含每个像素点上的强度值 $y(i,j)$,x_k 表示第 k 个发送单元上携带的发送信号,信道转移矩阵 H_k 代表信道直流增益,$h_k(i,j)$ 表示第 k 个发送单元到第 (i,j) 个像素点上的信道增益,N 为噪声矩阵。无线光信道中的噪声主要包含周围环境光产生的散射噪声,通常可以被建模成加性高斯白噪声(AWGN),即

$$n(i,j) = \sqrt{2qRP_n s^2 W} \tag{3-21}$$

式中:q 为电子量常数;R 为接收机的响应系数;P_n 为每单位面积的环境散射噪声功率;s^2 为像素点有效接收面积;W 为信号采样率,通常与相机的帧速率相同。

由于光学系统聚焦的作用,发射端发出的光线通常会被一个或者一簇像素接收,因此像素点上的信号强度值取决于接收到的光强。设 $c_k(i,j)$ 表示第 k 个发送单元到第 (i,j) 个像素点上的光强集中度,那么 $h_k(i,j)$ 可以表示为

$$h_k(i,j) = R \times R_o(\Phi) \times A_{\text{lens}} \times \frac{\cos(\psi)\cos^2(\phi)}{d^2} \times c_k(i,j) \tag{3-22}$$

式中:$R_o(\Phi)$ 为半功率角为 Φ 时的朗伯辐射模型系数;A_{lens} 为相机透镜面积;ψ 为相机视场角(Field-Of-View, FOV);d,ϕ 分别为发送单元与像素间的距离和角度(为方便推导,在统计模型下,假设 d,ϕ 为定值)。

利用统计模型来对 $c_k(i,j)$ 进行衡量,有

$$c_k(i,j) = \frac{s^2}{\pi \left(\frac{fl_k}{d} + \sigma_{\text{blur}}\right)^2 / 4} I_k(i,j) \quad (3\text{-}23)$$

$$I_k(i,j) = \begin{cases} 1, \forall\ (i - i_k^{\text{ref}})^2 + (j - j_k^{\text{ref}})^2 \leqslant \left(\frac{fl_k}{d} + \sigma_{\text{blur}}\right)^2 / 4 \\ 0, \text{其他} \end{cases} \quad (3\text{-}24)$$

式中：f 为透镜焦距；l_k 为发送单元直径；σ_{blur} 用来表征透镜模糊带来的误差，透镜模糊可以建模为高斯函数，σ_{blur} 为标准差；$I_k(i,j)$ 为标识函数，表示接收端第 (i,j) 个像素是否接收到来自第 k 个 LED 发出的光线；$(i_k^{\text{ref}}, j_k^{\text{ref}})$ 为中心参考点，结合计算机视域理论，由收发端坐标可以最终得到 $h_k(i,j)$。

3.3.2 分集复用

考虑可见光成像通信的接收端通常为相机，因此相机的成像能力会直接影响到系统的通信质量，而成像能力往往与通信距离、对焦位置、镜头焦距、光圈大小等光学系统因素有关，甚至收发端设备的抖动都可能对成像带来极大的影响。图 3-14 展示了在不同距离时接收端对 LED 阵列的成像能力，可以看出：在距离为 5m 左右时，图像中的 LED 阵列各发送单元还是清晰可辨的；随着通信距离的增加，在 60m 处，LED 阵列各单元几乎已经混作一团，各发送单元上携带的信号基本已经无法恢复。因此，需要提出一种新的方法来解决通信距离增加时产生的通信质量下降（甚至无法通信）的问题。

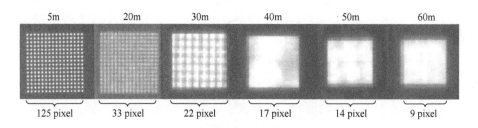

图 3-14 不同距离 LED 阵列成像效果图

结合传统无线通信的处理方法，将分集与复用技术引入到可见光成像通信系统中可以很好地解决上述问题。如图 3-15 所示，在近距离时，每一个发送单元都可以在接收端像素阵列由一个或几个像素清晰成像，因此各 LED 所携带的信息可以在接收图像上清晰地检测出来；而在远距离时，所有的发送单元只能由一个或几个像素来成像，各发送单元混叠在一起。

利用上述特性，在通信距离较近时，LED 阵列的各发送单元发送独立的比特序列，接收端使用一组像素来接收，此时系统具有较高的复用增益，主要体现在系统通信速率的大幅提升。相应的,在通信距离较远时,LED阵列所有发送单元发送相同的比特序列,接收端使用分集合并接收,此时系统具有较高的分集增益,主要体现在系统通信距离(鲁棒性)的增加。与传统无线通信系统不同的是,成像通信系统可以方便地对系统的分集复用状态进行切换,以满足各种通信需求。

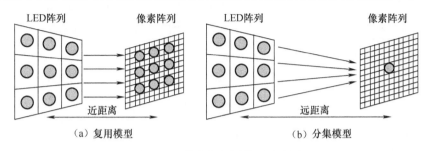

图 3-15 分集与复用模型示意图

为确定在实际系统中如何选择分集复用状态,首先对像素的成像进行分析,如图 3-16 所示。为了得到复用增益(类似于平行信道),接收端应该有足够多的像素对相邻的两个发送单元进行成像,以使其可以分辨开来。引入门限变量 $\gamma = 2\sqrt{2\ln2}\,\sigma_{\text{blur}}$ 来表示接收像素阵列可分辨间距,同时该距离可由透镜焦距 f、发送单元间距 α 以及通信距离 d 来表征,即 $\dfrac{f\alpha}{d}$。联立可得在最小可分辨间距下的最大通信距离 $d^* = \dfrac{f\alpha}{\gamma}$,考虑收发端夹角 ϕ,该距离被修正为

$$d^* = \frac{f\alpha}{\gamma}\cos(\phi) \tag{3-25}$$

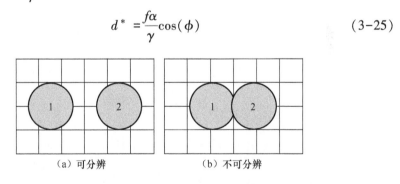

图 3-16 相邻发送单元在像素阵列上成像

当 $d \leq d^*$ 时,各发送单元是清晰可辨的,系统采用复用模式;当 $d > d^*$ 时,由于成像重叠,为实现通信,系统一般采用分集模式。而在实际应用中,除了上述的全复用和全分集模式外,还有许多根据实际场景设计的分集复用状态的复合模式,如图 3-17 所示。

结合上述系统模型以及分集复用状态的选取机制,由香农公式可以推导出对

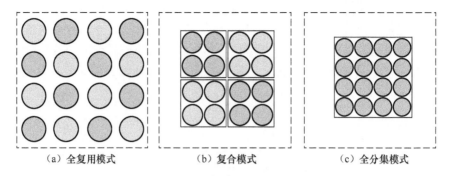

图 3-17 分集与复用模式示意图

应状态下的系统信道容量 C 的表达式为

$$C = \begin{cases} \sum_{k=1}^{K} W \log_2(1 + \mathrm{SNR}_{\mathrm{cam},k}), & d \leq d^* \\ W \log_2 \left(1 + \sum_{k}^{K} \mathrm{SNR}_{\mathrm{cam},k}\right), & d > d^* \end{cases} \quad (3-26)$$

$$\mathrm{SNR}_{\mathrm{cam},k} = \frac{\sum_{\forall I_k(i,j)=1} (h_k(i,j) x_k)^2}{\sum_{\forall I_k(i,j)=1} n_k^2(i,j)} \quad (3-27)$$

式中：W 为相机的采样速率(帧速率)；$\mathrm{SNR}_{\mathrm{cam},k}$ 为第 k 个发送单元与作为接收端的相机间的信噪比；$h_k(i,j)$ 为第 k 个发送单元到第 (i,j) 个像素点的信道直流增益；$n_k(i,j)$ 为对应的高斯白噪声；$I_k(i,j)$ 为第 (i,j) 个像素是否接收到第 k 个发送单元发射光线的标识函数。

参 考 文 献

[1] Minh H L, O'Brien D, et al. High-Speed Visible Light Communications Using Multiple-Resonant Equalization[J]. IEEE Photonics Technology Letters, 2008, 20(15): 1243-1245.

[2] Takase D, Ohtsuki T. Optical Wireless MIMO Communications (OMIMO) [C]. IEEE Global Telecommunications Conference, Chiba, 2004.

[3] Hosseini K, Wei Yu, Adve R S. Large-Scale MIMO Versus Network MIMO for Multicell Interference Mitigation [J]. IEEE Journal of Selected Topics in Signal Processing, 2014, 8(5): 930-941.

[4] Zeng L B, O'Brien D, et al. High Data Rate Multiple Input Multiple Output (MIMO) Optical Wireless Communications Using White LED Lighting[J]. IEEE Journal on Selected Areas in

Communications, 2009, 27(9): 1654-1662.

[5] Komine T, Nakagawa M. Fundamental Analysis for Visible-Light Communication System using LED Lights[J]. IEEE Transactions on Consumer Electronics, 2004, 50(1): 100-107.

[6] DURIS E 2835 型号 LED 产品规格书[EB/OL]. https://ams-osram.com/zh/products/leds/color-leds/osram-duris-e-2835-ga-jtlps1-23#Datasheet.

[7] Grubor J, Randel S, et al. Bandwidth-efficient Indoor Optical Wireless Communications with White Light-emitting Diodes[C]. 6th International Symposium on Communication Systems, Networks and Digital Signal Processing (CNSDSP), 2008: 165-169.

[8] Safari M, Uysal M. Do we really need OSTBCs for free-space optical communication with direct detection? [J].IEEE Trans. WirelessCommunication, 2008, 7(11):4445 – 4448.

[9] Jeganathan J, Ghrayeb A, Szczecinski L. Spatial Modulation: Optimal Detection and Performance Analysis [J]. IEEE Communications Letters, 2008, 12(8): 545-547.

[10] Serafimovski N, Younis A, et al. Practical Implementation of Spatial Modulation [J]. IEEE Transactions on Vehicular Technology, 2013, 62(9): 4511-4523.

[11] Y Tanaka, T Komine, S Haruyama, et al. Indoor visible light data transmission system utilizing white LED lights [J]. IEEE Transactions on Communications, 2003, E86B(8): 2440-2454.

[12] Elgala H., Mesleh R., Haas H., et al. OFDM Visible Light Wireless Communication Based on White LEDs [C]. The 64th IEEE Vehicular Technology Conference (VTC), Dublin, Ireland. 2007: 2185-2189.

[13] Armstrong J. OFDM for Optical Communications [J]. Journal of Lightwave Technology, 2009, 27(3): 189-204.

[14] Afgani M Z, Haas H, Elgala H, et al. Visible Light Communication Using OFDM [C]. The 2nd International Conference on Testbeds and Research Infrastructures for the Development of Networks and Communities (TRIDENTCOM), Barcelona, Spain, 2006: 129-134.

[15] 佟学俭, 罗涛. OFDM 移动通信技术原理与应用[M]. 北京: 人民邮电出版社, 2003.

[16] 伊长川, 罗涛, 乐光新. 多载波宽带无线通信技术[M]. 北京: 北京邮电大学出版社, 2004.

[17] 王文博, 郑侃. 宽带无线通信 OFDM 技术[M]. 北京: 人民邮电出版社, 2007.

[18] Armstrong J, Lowery A. J. Power efficient optical OFDM [J]. Electronics Letters, 2006, 42 (6): 370-372.

[19] Fernando N, Yi Hong, Viterbo E. Flip-OFDM for Optical Wireless Communications [C]. IEEE Information Theory Workshop (ITW), 2011: 5-9.

[20] Tsonev D, Sinanovic S, Hass H. Novel Unipolar Orthogonal Frequency Division Multiplexing (U-OFDM) for Optical Wireless Communication [C]. Vehicular Technology Conference (VTC Spring), 2012 IEEE 75th, 2012: 1-5.

[21] Kahn J M, Barry J R. Wireless Infrared Communications [J]. Proceedings of IEEE, 1997, 85 (2): 265-298.

[22] Tanaka Y, Komine T, Haruyama S, et al. Indoor visible communication utilizing plural white

LEDs as lighting [C]. The 12th IEEE International Symposium on Personal, Indoor and Mobile Radio Communications, 2001: 81-85.

[23] Jean Armstrong, Brendon J. C. Schmidt, Dhruv Kalra, et al. Performance of asymmetrically clipped optical OFDM in AWGN for an intensity modulated direct detection system [C]//Proceedings of IEEE Global Telecommunications Conference. 2006.

[24] Armstrong J, Schmidt B J C. Comparison of asymmetrically clipped optical OFDM and DC-biased optical OFDM in AWGN [J]. IEEE Communication Letter, 2008,12: 343-345.

[25] Deguchi J, Yamagishi T, Majima H, et al. A 1.4Mpixel CMOS Image Sensor with Multiple Row-rescan Based Data Sampling for Optical Camera Communication [C]. 2014 IEEE Asian Solid-State Circuits Conference (A-SSCC),2014:17 - 20.

[26] Zeng L, O'Brien D C, Minh H L, et al. High Data Rate Multiple Input Multiple Output (MIMO) Optical Wireless Communications using White LED Lighting [J]. IEEE Journal on Selected Areas in Communications,2009, 27(9): 1654-1662.

[27] Arai S, Mase S, Yamazato T, et al. Experimental on Hierarchical Transmission Scheme for Visible Light Communication using LED TrafficLight and High-Speed Camera[C]. IEEE Vehicular Technology Conference(VTC), 2007: 2174 - 2178.

[28] Iwase D, Kasai M, Yendo T, et al. Improving Communication Rate of Visible Light Communication System using High-speed Camera[C]. 2014 IEEE Asia Pacific Conference on Circuits and Systems (APCCAS), 2014:336-339.

[29] Yoshino M, Haruyama S, Nakagawa M. High-accuracy Positioning System using Visible LED Lights and Image Sensor[C]. 2008 IEEE Radio and Wireless Symposium, 2008:439-442.

[30] 朱环宇, 朱义君. 基于可见光通信的隐式信息服务系统[J]. 光学学报, 2015(9): 108-113.

[31] Jiang L, Chan P W C, NgD W K, et al. Hybrid Visible Light Communications in Intelligent Transportation Systems with Position Based Services[C]. 2012 IEEE Globecom Workshops (GC Wkshps), 2012:1254-1259.

[32] Ashok A, Gruteser M, Mandayam N, et al. Characterizing Multiplexing and Diversity in Visual MIMO[C]. 45th Annual Conference on Information Sciences and Systems, 2011: 1-6.

[33] Komine T, Nakagawa M. Fundamental Analysis for Visible-Light Communication System using LED Lights [J]. IEEE Transactions on Consumer Electronics, 2004, 50(1): 100-107.

第4章 可见光定位技术

传统无线电定位普遍存在复杂布设、墙壁遮挡、辐射危害、精确度差、性价比低、安全性低等问题,人们迫切需要一种新的定位方式来代替传统无线电定位。利用可见光通信技术实现室内定位,具有传统无线室内定位系统难以替代的技术优势。

(1) 依托泛在照明网络,无需复杂布设。巨大建筑物内部多层、多房间的结构,决定了其采光效果差,进而决定了照明网络必须是泛在化的,且全天使用概率极大。建筑物的复杂度越高,室内定位需求越显著。

(2) 可适用于特殊内部环境。对于部分严格禁止使用无线电设备的特殊内部环境(例如,医院、矿井等),部分对建筑物成本控制严格的特殊内部环境(例如,地下多层大型停车场),特别适合该技术。

(3) 现阶段可基本不提高 LED 生产成本。仅需在 LED 端附加一小片独立(也可集成设计)的控制板,板上主要器件是带有小容量存储器的控制芯片,可将成本控制在极低范围内,几乎不增加 LED 成本,却增加了 LED 功能。

(4) 安全系数高。可见光对人体无辐射危害,且系统不需架设额外设备,能够确保用户的安全使用,便于普及。

4.1 基于接收信号能量检测的 VLC 定位方法

基于接收信号能量检测(Received Signal Strength Indicator,RSSI)的 VLC 定位方法,其原理与传统无线电定位中的 RSSI 方法基本相同。在可见光通信过程中,接收端可利用 PD 实现对信号直流能量的检测,因此与 RSSI 方法的结合十分自然。

图 4-1 给出了典型的 VLC 下行链路直射信道模型,即朗伯模型。

从 LED 到接收端的 LOS 光信道直流增益 $H(0)$ 的数学表达式为

$$H(0) = \begin{cases} \dfrac{(m+1)A}{2\pi D^2}\cos^m(\phi)T_s g \cos(\phi), & 0 \leq \varphi \leq \varphi_c \\ 0, & \varphi > \varphi_c \end{cases} \quad (4\text{-}1)$$

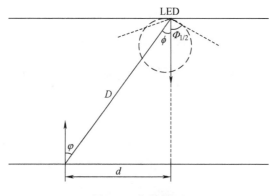

图 4-1 朗伯模型

$$m = \frac{\ln 2}{\ln \cos \Phi_{1/2}} \quad (4-2)$$

式中：A 为光电探测器探测面积；D 为发射端与接收端之间距离；φ 为入射角；ϕ 为发射角；T_s 为光滤波器增益；g 为光聚能器增益；φ_c 为接收机视角；m 为光源辐射模式；$\Phi_{1/2}$ 为光源的发光功率半角，即在这个角度上的辐射功率为中心功率的一半。m 值大小决定光束方向性，其值越大，光束方向性越好。

图 4-2 所示为可见光室内无线定位典型模拟环境，4 个光源对称分布在天花板上。基于朗伯信道模型，可以计算出每个光源与 PD 之间的距离，应用三边定位法即可实现对 PD 的定位。在室内多光源条件下，PD 接收到的点光源信号可能大于 3 个，则可以建立超定方程组，采用最大似然估计的方法实现对 PD 位置的估计，进一步提高定位精度。两种方法具体原理如下。

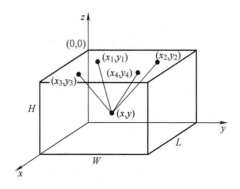

图 4-2 可见光室内无线定位典型模拟环境

（1）三边定位法。三边法在二维平面上用几何图形表示出来的意义是：当得到待测节点到一个参考节点的距离时，就可以确定此待测节点在以参考节点为圆心、以距离为半径的圆上。当得到待测节点到三个参考节点的距离时，三个圆的交点就是待测节点的位置,如图 4-3 所示。

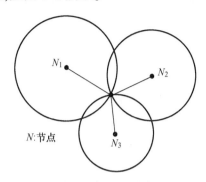

图 4-3 三边定位法示意图

(2) 极大似然估计法示意图如图 4-4 所示。

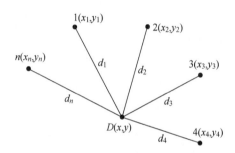

图 4-4 极大似然估计法示意图

已知 n 个参考节点的坐标分别为 $(x_1,y_1) \sim (x_n,y_n)$,到未知节点 D 的距离分别为 $d_1 \sim d_n$,假设未知节点 D 的坐标为 (x,y),则有

$$\begin{cases} (x_1 - x)^2 + (y_1 - y)^2 = d_1^2 \\ (x_2 - x)^2 + (y_2 - y)^2 = d_2^2 \\ \vdots \\ (x_n - x)^2 + (y_n - y)^2 = d_n^2 \end{cases} \quad (4-3)$$

从第一个方程开始分别减去最后一个方程,可得

$$\begin{cases} x_1^2 - x_n^2 - 2(x_1 - x_n)x + y_1^2 - y_n^2 - 2(y_1 - y_n)y = d_1^2 - d_n^2 \\ \vdots \\ x_{n-1}^2 - x_n^2 - 2(x_{n-1} - x_n)x + y_{n-1}^2 - y_n^2 - 2(y_{n-1} - y_n)y = d_{n-1}^2 - d_n^2 \end{cases}$$

$$(4-4)$$

利用标准最小二乘估计方法,超定方程可表示为

$$AX = b \quad (4-5)$$

为确定参数估计向量 $\hat{X}$，使代价函数 J 最小。代价函数 J 可表示为

$$J = \sum_{i=1}^{N} e_i{}^2 = e^{\mathrm{T}}e = (A\hat{X} - b)^{\mathrm{T}}(A\hat{X} - b) \tag{4-6}$$

求 J 关于 $\hat{X}$ 的导数，并令结果为 0，则有

$$\frac{\mathrm{d}J}{\mathrm{d}\hat{X}} = 2A^{\mathrm{T}}A\hat{X} - 2A^{\mathrm{T}}b = 0 \tag{4-7}$$

$$\hat{X} = (A^{\mathrm{T}}A)^{-1}A^{\mathrm{T}}b \tag{4-8}$$

4.2 基于 LED 标签的 VLC 定位方法

该方法基于 LED 标签（LED-ID）实现，即将与位置相关的 ID 数据加载到不同 LED 光源上，接收端通过对 ID 数据的处理实现被动定位。这种方法的理论定位精度是相邻 LED 信号源间距的 1/2。

基于此类方法的 VLC 定位系统主要由控制终端、LED 信号源及用户终端三部分组成，如图 4-5 所示。此类系统中的 LED 信号源由驱动电路和 LED 灯两部分组成，用户终端由光电转换模块和显示终端组成。

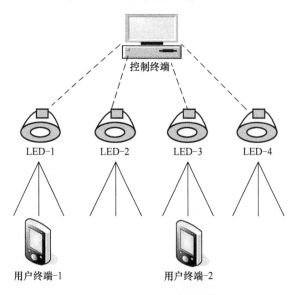

图 4-5 基于 LED 标签原理图

该方法可采用简单的 OOK 方式实现对 LED 光源信号的调制。同时，为避免出现连续"0"或"1"的长数据串而影响 LED 光源的正常照明，可将 OOK 调制与曼

彻斯特编码相结合。曼彻斯特编码是一种数字双相编码,调制序列中每一比特数据由两个开关脉冲组成,可有效避免 LED 通信过程中对照明性能的影响。

4.3 基于图像传感器成像的 VLC 定位方法

日本 Keio 大学 Masaki Yoshino 等人采用的是基于图像传感器成像的 VLC 定位方法。如图 4-6 所示,平行于图像传感器加入一面透镜,其到图像传感器距离为焦距 f。

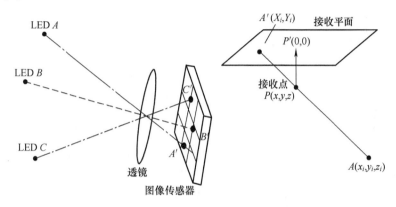

图 4-6　图像传感器成像定位原理图

入射光与 x、y、z 轴形成角度分别为 ω、ϕ、κ,可得

$$X_i = -f\frac{m_{11}(x_i - x) + m_{12}(y_i - y) + m_{13}(z_i - z)}{m_{31}(x_i - x) + m_{32}(y_i - y) + m_{33}(z_i - z)} \tag{4-9}$$

$$Y_i = -f\frac{m_{21}(x_i - x) + m_{22}(y_i - y) + m_{23}(z_i - z)}{m_{31}(x_i - x) + m_{32}(y_i - y) + m_{33}(z_i - z)} \tag{4-10}$$

$$m_{11} = \cos\phi\cos\kappa \tag{4-11}$$

$$m_{12} = -\cos\phi\cos\kappa \tag{4-12}$$

$$m_{13} = \sin\phi \tag{4-13}$$

$$m_{21} = \sin\omega\sin\phi\cos\kappa + \cos\omega\sin\kappa \tag{4-14}$$

$$m_{22} = -\sin\omega\sin\phi\cos\kappa + \cos\omega\cos\kappa \tag{4-15}$$

$$m_{23} = -\sin\omega\cos\phi \tag{4-16}$$

$$m_{31} = -\cos\omega\sin\phi\cos\kappa + \sin\omega\sin\kappa \tag{4-17}$$

$$m_{32} = \cos\omega\sin\phi\cos\kappa + \sin\omega\cos\kappa \tag{4-18}$$

$$m_{33} = \cos\omega\cos\phi \tag{4-19}$$

通过解以上方程组可得出焦点的三维坐标,从而完成定位。仿真结果显示,随

着图像传感器分辨率的增加,定位精度也不断提高。但由于 LED 成像点并不是恰好在像素点的中心,并且一个成像点有可能占据多个像素点,从而导致量化误差影响定位精度。量化误差示意图如图 4-7 所示。如何减小量化误差带来的影响,是此方法中一个有待解决的难点。

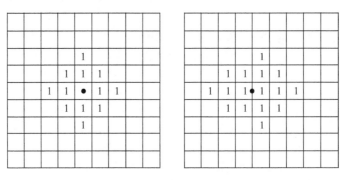

图 4-7 量化误差示意图

4.4 基于航迹信息的动态定位方法

通过惯导系统可以判断行人行走的方向和距离,称为航迹推算。其基本原理为基于人行走或运动时的运动规律和周期性特征,通过加速度仪的输出的数据特征对行人在行走时的步频和步幅进行检测和估计,再结合磁强计和电子罗盘的数据获得的指向信息,推算出行人的运动方向和距离,如图 4-8 所示。

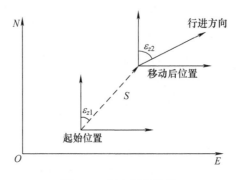

图 4-8 行人航迹推算

行人航迹可直观地表示为行人的起始位置 (e_0, n_0),向旋转角 ε_{z1} 的方向(行进方向)移动了距离 S,到达移动后的位置 (e_1, n_1)。其位置变换的表达式为

$$\begin{cases} e_1 = e_0 + s\sin\varepsilon_{z1} \\ n_1 = n_0 + s\cos\varepsilon_{z1} \end{cases} \tag{4-20}$$

在下一时刻,行人向旋转角 ε_{z2} 的方向移动了距离 S_1,同理可得下一刻移动坐标 (e_2,n_2) 为

$$\begin{cases} e_2 = e_1 + s_1\sin\varepsilon_{z1} = e_0 + \sum_{k=0}^{1} s_k\sin\varepsilon_{zk} \\ n_2 = n_1 + s_1\cos\varepsilon_{z1} = n_1 + \sum_{k=0}^{1} s_k\cos\varepsilon_{zk} \end{cases} \tag{4-21}$$

由此可知,航迹推算是通过获取移动终端旋转角 ε_z(行进方向)和移动距离 S 来实现的。下面对如何判断行进方向和移动距离进行分析。

4.4.1 行进方向的判断

行进过程中行人的方向可以通过电子罗盘(指北针)获得,磁北方向与正北向存在磁偏角 θ,所以移动终端与正北向的实际夹角为

$$\alpha = \varepsilon_z + \theta \tag{4-22}$$

电子罗盘处于水平静止状态时,正北、正东、正南、正西分别为 0°、90°、180° 和 270°,则行进时由初始位置 (e_0,n_0) 到达移动后位置 (e_1,n_1) 与 α 的关系为

$$\begin{cases} n_1 > n_0, e_1 > e_0, \sin\alpha > 0, \cos\alpha > 0, & \alpha \in \left[0, \dfrac{\pi}{2}\right) \\ n_1 < n_0, e_1 > e_0, \sin\alpha > 0, \cos\alpha < 0, & \alpha \in \left[\dfrac{\pi}{2}, \pi\right) \\ n_1 < n_0, e_1 < e_0, \sin\alpha < 0, \cos\alpha < 0, & \alpha \in \left[\pi, \dfrac{3\pi}{2}\right) \\ n_1 > n_0, e_1 < e_0, \sin\alpha < 0, \cos\alpha > 0, & \alpha \in \left[\dfrac{3\pi}{2}, 2\pi\right) \end{cases} \tag{4-23}$$

由于电子罗盘是在坐标系中是按顺时针计算角度的,而常用角度参数是以坐标系的逆时针计算的,需要对航迹推算公式进行修正,有

$$\begin{cases} e_2 = e_1 + s_1\sin\alpha = e_0 + \sum_{k=0}^{1} s_k\sin\alpha \\ n_2 = n_1 + s_1\cos\alpha = n_1 + \sum_{k=0}^{1} s_k\cos\alpha \end{cases} \quad \alpha \in \left[0, \dfrac{\pi}{2}\right) \cup \left[\pi, \dfrac{3\pi}{2}\right) \tag{4-24}$$

$$\begin{cases} e_2 = e_1 - s_1 \sin\alpha = e_0 + \sum_{k=0}^{1} s_k \sin\alpha \\ n_2 = n_1 - s_1 \cos\alpha = n_1 + \sum_{k=0}^{1} s_k \cos\alpha \end{cases} \alpha \in \left[\frac{\pi}{2}, \pi\right) \cup \left[\frac{3\pi}{2}, 2\pi\right) \quad (4-25)$$

4.4.2 行进距离的判断

行人的移动距离 S_k 无法直接获取，传统惯性导航算法是通过对终端获取的加速度参数进行积分计算出行人的移动距离，但是智能移动终端配置的加速度计精度并不高，由此产生的零偏误差会极大地影响到 S_k 的准确度。通过长期研究人在行走间的规律性特征，衍生出了通过行人步态和行走方式的航迹推算算法，用于判断行人的行进距离。行人的行进距离可以通过步频和步幅的估计来完成，如图4-9所示。

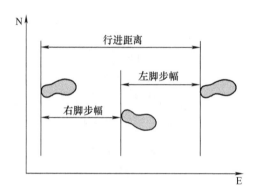

图4-9 行人行进演示图

步频是指人的行走姿态具有明显的周期性特征，从抬脚前进到脚跟落地为一个周期，如此左右脚交替进行，推动人向前行进。这种周期性的变化体现在了三轴加速度仪各轴参数周期性的波型中。本节中步频的估计采用波峰测频法实现，即通过检测行人每行进一步就会产生的明显波峰，结合规律性的周期变化来估计步频。该方法对传感器的安装方式没有要求，可以满足任意姿态下的使用。

具体实现方法如下：

行人手持移动终端从静止到移动状态再到静止状态，如此反复模拟人的行进过程。

假设手持终端处于水平状态，人的行进方向与加速度仪 Y 轴方向一致，X 轴表示人在行进行的侧向加速度，Z 轴表示人在行进过程中竖直方向加速度。通过软件获取手持终端的三轴加速度仪原始参数，加速度采样间隔 t_0 为 2ms，采样频率为 250Hz。由于原始参数波形毛刺较多，为了便于计算，采用巴特沃斯低通滤波器对原始数据进行平滑处理。滤波参数设置如下:通带截至频率 5Hz,阻带截至频率 100Hz,通带波纹最大衰减 1dB,阻带衰减 60dB,滤波后的三轴加速度仪 Z 轴波形如图 4-10 所示。

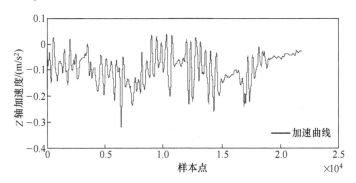

图 4-10 加速度仪 Z 轴波形

如图 4-10 所示,X 轴波形体现了人在行走时抬起左脚时向身体右侧偏移,抬起右脚时向身体左侧偏移,由于人的迈左脚和迈右脚交替进行,这里假设左右偏移产生的位移相互抵消,不作讨论。

如图 4-11 所示,Y 轴波形体现了人在行走时重复抬脚加速、落脚减速的过程。

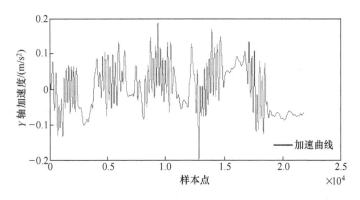

图 4-11 加速度仪 Y 轴波形

如图 4-12 所示,Z 轴波形的变化体现了人在行进行时重力加速度的变化。通过观察可知 Z 轴的加速度周期变化较为明显,而且波形比较清晰。对图 4-12 的波形峰值进行检测,图 4-12 中具有 97 个有效峰值。每个有效波峰代表行进了一步,通过计算 t_0 采样点的有效波峰到下一个 t_1 采样点有效波峰的周期,即

$$T = (t_1 - t_0)t_c \tag{4-26}$$

即可获取行进的步频为

$$F = 1/T \tag{4-27}$$

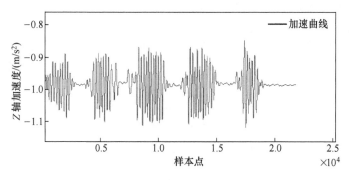

图 4-12 加速度仪 Z 轴波形

通过对周期参数进行均值计算,即可获得行进过程中的步频均值 f。

步幅是指人在行进过程中从抬脚前进到脚跟落地后所跨越的距离,根据相关研究表明,成人的行进步幅基本固定。在计算初始可以规定人行进步幅为 0.5m。步幅与加速度的最大幅值 a_{max} 和最小幅值 a_{min} 之差具有一定的相关性,见式(4-28),K 为人处于站立状态时与腿长相关的常数,经长期观察测量发现在正常行走中,成年男子的 $K = 0.88$,成年女子的 $K = 0.89$,小孩和老人的情况较为特殊,不在此文中讨论。

$$L = K \times \sqrt[4]{a_{max} - a_{min}} \tag{4-28}$$

通过观察多组数据,就可以算出同一人的平均步幅。

4.4.3 姿态估计的原理和实现

俯仰角、翻滚角和旋转角常被用来描述载体(智能终端)在世界坐标系中的姿态,也称为欧拉角,如图 4-13 所示。俯仰角是载体本身坐标系 y 坐标轴与惯性坐标系水平面的夹角,即载体绕 x 轴旋转的角度。当载体坐标系的 y 坐标轴在惯性坐标系 XOY 平面上方时,俯仰角为正,否则俯仰角为负。翻滚角是载体本身坐标系 x 坐标轴与惯性坐标系水平面的夹角,即载体绕 y 坐标轴旋转的角度。当载体坐标系的 x 坐标轴在惯性坐标系 XOY 平面上方时,翻滚角为正,否则翻滚角为负。而旋转角是载体本身绕 z 坐标轴旋转的角度。解算所需的终端姿态信息($\varepsilon_x, \varepsilon_y, \varepsilon_z$),即终端在惯性坐标系下代表的俯仰角、翻滚角和旋转角,可以通过智能移动终端配置的测量惯性单元(Inertial Measurement Unit, IMU)间接获取。该装置能实时获取磁强计、加速度仪和电子罗盘等内部传感器测量终端的场强、瞬时加速度和指向参数,通过计算可得到俯仰角、翻滚角和旋转角的参数。具体实现原理如下:

(1) 俯仰角和翻滚角的计算。

三轴加速度仪可以获取所处仪器坐标系三个坐标轴的实时加速度分量(A_x,

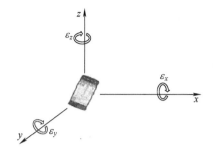

图 4-13 智能移动终端姿态在世界坐标系下的示意图

A_y, A_z),这里假设仪器坐标系与智能终端所处的世界坐标系(惯性坐标系)完全重合。当终端处于水平静止不动的状态时,有

$$\sqrt{A_x^2 + A_y^2 + A_z^2} = 1g \text{(重力加速度)}$$

依据俯仰角和翻滚角的定义,可以得到

$$\begin{cases} \varepsilon_x = \arctan\left(\dfrac{A_x}{\sqrt{A_y^2 + A_z^2}}\right) \\ \varepsilon_y = \arctan\left(\dfrac{A_y}{\sqrt{A_x^2 + A_z^2}}\right) \end{cases} \quad (4\text{-}29)$$

(2)旋转角的计算。

旋转角是终端水平状态时指向与磁北的夹角。磁强计能够通过测量所处环境中的磁感应强度(He),获取智能移动终端所处地磁场在世界坐标系下的三个矢量 H_x, H_y, H_z。旋转角可以通过磁强计处于水平状态下的磁感应强度 H_x 与 H_y 来计算。

当移动终端处于水平状态时,xoy 平面为水平面,通过 H_x 与 H_y 可以计算出终端的旋转角 ε_z,如图 4-14 所示。ε_z 为终端与磁北水平矢量的夹角,单位为度。

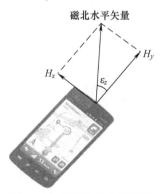

图 4-14 终端旋转角的计算

旋转角 ε_z 的计算公式为

$$\varepsilon_z = \begin{cases} -\arctan\dfrac{H_x}{H_y} \times \dfrac{180}{\pi} & ,H_y > 0, H_x < 0 \\ 360 - \arctan\dfrac{H_x}{H_y} \times \dfrac{180}{\pi} & ,H_y > 0, H_x > 0 \\ 180 - \arctan\dfrac{H_x}{H_y} \times \dfrac{180}{\pi} & ,H_y > 0 \\ 270 & ,H_y = 0, H_x > 0 \\ 90 & ,H_y = 0, H_x < 0 \end{cases} \quad (4-30)$$

旋转角是通过已获取的俯仰角和翻滚角参数计算出地磁场矢量在水平面投影来获取的,由此可反推出终端在任意姿态下的旋转角参数。这里假设磁强计与加速度仪的三轴坐标系完全重合,且三轴矢量相互正交。当移动终端处于非水平面状态时,旋转角的计算可通过俯仰角 ε_x 和翻滚角 ε_y 的修正来实现,有

$$\begin{cases} H'_x = H_x\cos\varepsilon_x + H_y\sin\varepsilon_x\sin\varepsilon_y - H_z\cos\varepsilon_x \\ H'_y = H_x\cos\varepsilon_y + H_z\sin\varepsilon_y \end{cases} \quad (4-31)$$

将式(4-31)代入式(4-30)即可获取非水平状态下的终端旋转角参数。

4.4.4 基于旋转矩阵的动态姿态修正算法

前面介绍了如何通过三轴加速度仪和电子罗盘获取移动终端的当前姿态信息 $(\varepsilon_x, \varepsilon_y, \varepsilon_z)$,在静止状态下移动终端与被测 LED 光源的位置相对固定,姿态呈水平状态,解算考虑的因素较为简单。而在行走过程中手持终端与相对于行人的位置并不固定,姿态也在时刻变化。为了降低解算复杂性,需要将行进间的终端姿态转换到相对水平状态下的进行解算,这一过程可以通过将姿态信息的旋转矩阵进行线性变化的方式来实现。旋转矩阵是指一个与向量相乘时,只改变向量的方向,而不改变向量大小的矩阵。

设有两个坐标系,XYZ 为静止水平状态下的坐标系,通常成为地理坐标系。$X'Y'Z'$ 为移动中手持终端状态下的坐标系,称为手持坐标系。假设 P 点在地理坐标系下的坐标为 (x,y,z),在手持坐标系下的坐标为 (x',y',z')。这里假设 (x',y',z') 与 (x,y,z) 的关系为

$$\begin{array}{cccc} & X & Y & Z \\ X' & a_{11} & a_{12} & a_{13} \\ Y' & a_{21} & a_{22} & a_{23} \\ Z' & a_{31} & a_{32} & a_{33} \end{array} \quad (4-32)$$

式中：a_{11} 为 X' 与 X 轴的正向夹角余弦值。其他依次类推，由此可得

$$\begin{cases} x' = a_{11}x + a_{12}y + a_{13}z \\ y' = a_{21}x + a_{22}y + a_{23}z \\ z' = a_{31}x + a_{32}y + a_{33}z \end{cases} \qquad (4-33)$$

即 P 点由地理坐标系转换到手持坐标系的转换过程为

$$(x',y',z')^T = \boldsymbol{R}\,(x,y,z)^T \qquad (4-34)$$

式中：$\boldsymbol{R}$ 为旋转矩阵。

$$\boldsymbol{R} = \begin{bmatrix} a_{11} & a_{12} & a_{13} \\ a_{21} & a_{22} & a_{23} \\ a_{31} & a_{32} & a_{33} \end{bmatrix} \qquad (4-35)$$

基于以上理论，可以将基于姿态信息 $(\varepsilon_x,\varepsilon_y,\varepsilon_z)$ 的旋转矩阵定义为

$$\boldsymbol{R}_x(\varepsilon_x) = \begin{bmatrix} \cos\varepsilon_x & 0 & -\sin\varepsilon_x \\ 0 & 1 & 0 \\ \sin\varepsilon_x & 0 & \cos\varepsilon_x \end{bmatrix} \qquad (4-36)$$

$$\boldsymbol{R}_y(\varepsilon_y) = \begin{bmatrix} 1 & 0 & 0 \\ 0 & \cos\varepsilon_y & \sin\varepsilon_y \\ 0 & -\sin\varepsilon_y & \cos\varepsilon_y \end{bmatrix} \qquad (4-37)$$

$$\boldsymbol{R}_z(\varepsilon_z) = \begin{bmatrix} \cos\varepsilon_z & \sin\varepsilon_z & 0 \\ -\sin\varepsilon_z & \cos\varepsilon_z & 0 \\ 0 & 0 & 1 \end{bmatrix} \qquad (4-38)$$

通过基于姿态信息的旋转矩阵，即可将手持终端在任意姿态下获取的三轴加速度参数转换为地理坐标系下的三轴加速度参数，使手持终端的坐标系与行人的坐标系保持一致，提高计算行人步频、计算移动距离的准确性。

参 考 文 献

[1] Yoshino M, Haruyama S, Nakagawa M. High-accuracy positioning system using visible LED lights and image sensor[C]. Radio and Wireless Symposium, IEEE, 2008：439-442.

[2] Kim H S, Kim D R, Yang S H, et al. Indoor positioning system based on carrier allocation visible light communication[C]. Conference on Lasers and Electro-Optics/Pacific Rim. Optical Society of America, 2011.

[3] Rahman M S, Haque M M, Kim K D. Indoor Positioning by LED Visible Light Communication and Image Sensors[J]. International Journal of Electrical and Computer Engineering (IJECE), 2011, 1(2)：161-170.

[4] Zhang W, Kavehrad M. A 2-D indoor localization system based on visible light LED[C]. Photonics Society Summer Topical Meeting Series, IEEE, 2012: 80-81.

[5] Lee Y U, Kavehrad M. Long-range indoor hybrid localization system design with visible light communications and wireless network[C]. Photonics Society Summer Topical Meeting Series, IEEE, 2012: 82-83.

[6] 娄鹏华, 张洪明, 郎凯, 等. 基于室内可见光照明的位置服务系统[J]. 光电子激光, 2012, 23(012): 2298-2303.

[7] Hann S, Kim J H, Jung S Y, et al. White LED ceiling lights positioning systems for optical wireless indoor applications[C]. Optical Communication (ECOC), 2010 36th European Conference and Exhibition on. IEEE, 2010: 1-3.

创意篇

  本篇围绕可见光通信技术创新应用实施发明创造,按照应用角度的不同,分为万物互联、位置服务、识别控制三类,每类又选择若干具体案例进行介绍。由于创造性审查是专利实质审查的核心内容,本篇将《专利审查指南2010》中关于创造性的描述作为附件,供读者在进行发明创造时重点关注。

第 5 章 万 物 互 联

5.1 通信装置及通信系统

5.1.1 技术领域

本申请涉及通信领域,尤其涉及一种通信装置及通信系统。

5.1.2 背景技术

在如今这个信息化时代,信息传输无处不在,并且随着科技的发展,信息传输的速度越来越快,范围越来越广。同时,随着人们对信息需求的增强,对信息的保密性的要求也越来越高。

目前被广泛运用的信息传输方式是,通过各种电子设备(如手机)进行无线通信以传输信息。无线通信是利用电磁波信号可以在自由空间中传播的特性,进行信息交换的一种通信方式。然后,电磁波信号在传输的过程中易受到干扰且容易被第三方截获,因此保密性差。

5.1.3 发明内容

本申请实施例提供一种通信装置及通信系统,能够解决相关技术中通过电子设备进行通信时,保密性差的问题。

第一方面,提供了一种通信装置,所述通信装置包括接收模块、处理模块和发送模块;所述接收模块与所述处理模块连接,所述处理模块与所述发送模块连接。

(1)所述接收模块,用于获取第一目标信息;

(2)所述处理模块,用于基于所述第一目标信息得到第二目标信息,在满足第一预设条件的情况下,将所述第二目标信息发送给所述发送模块;

(3)所述发送模块,用于接收来自所述处理模块的所述第二目标信息,将所述第二目标信息调制为可见光信号,并发送所述可见光信号;

此外,所述处理模块,还用于在所述发送模块发出的所述可见光信号满足指定条件后,将所述通信装置中的所述第二目标信息销毁。

第二方面,提供了一种通信系统,所述通信系统包括发送装置和第一方面所述的通信装置,所述发送装置和所述通信装置之间存在可见光通信连接。

（1）所述发送装置用于：向所述通信装置发送携带所述第一目标信息的可见光信号；

（2）所述通信装置用于：基于所述可见光信号，获取第一目标信息；基于所述第一目标信息，生成校验码，并向所述发送装置发送所述校验码。

此外，所述发送装置还用于：确定所述校验码是否正确，并在所述校验码正确的情况下，断开与所述通信装置之间的所述可见光通信连接。

在本申请实施例中，所述通信装置包括接收模块、处理模块和发送模块；所述接收模块与所述处理模块连接，所述处理模块与所述发送模块连接；所述接收模块，用于获取第一目标信息；所述处理模块，用于基于所述第一目标信息得到第二目标信息，在满足第一预设条件的情况下，将所述第二目标信息发送给所述发送模块；所述发送模块，用于接收来自所述处理模块的所述第二目标信息，将所述第二目标信息调制为可见光信号，并发送所述可见光信号；所述处理模块，还用于在所述发送模块发出的所述可见光信号满足指定条件后，将所述通信装置中的所述第二目标信息销毁。由于所述通信装置可以将第二目标信号调制成可见光信号后发出，通过可见光信号进行通信，而可见光通信具有保密性好的特性，因此采用所述通信装置进行通信，可以保证良好的保密性。同时，所述处理模块在所述发送模块发出的所述可见光信号满足指定条件后可以将所述第二目标信息销毁，因此可以防止所述第二目标信息在通信装置中泄露，从而进一步提高了保密性，保证了信息的安全。

5.1.4 附图说明

此处所说明的附图用来提供对本申请的进一步理解，构成本申请的一部分，本申请的示意性实施例及其说明用于解释本申请，并不构成对本申请的不当限定。在附图中：

图5-1为本申请实施例提供的一种通信装置的结构示意图。

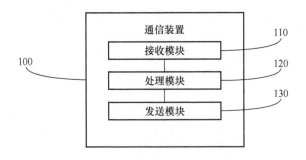

图5-1　通信装置的结构示意图1

图5-2为本申请实施例提供的另一种通信装置的结构示意图。

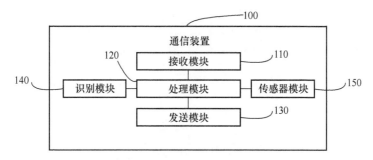

图 5-2　通信装置的结构示意图 2

图 5-3 为本申请实施例提供的另一种通信装置的结构示意图。

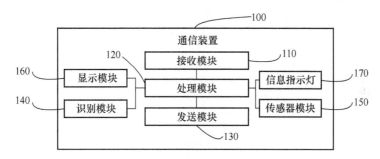

图 5-3　通信装置的结构示意图 3

图 5-4 为本申请实施例提供的另一种通信装置的结构示意图。

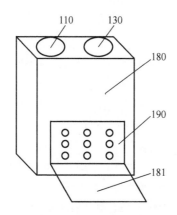

图 5-4　通信装置的示意图 4

图 5-5 为本申请实施例提供的又一种通信装置的结构示意图。
图 5-6 为本申请实施例提供的一种通信系统的结构示意图。
图 5-7 为本申请实施例提供的一种通信方法的流程图。

71

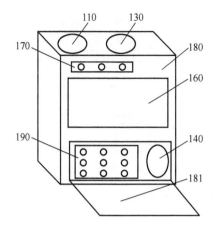

图 5-5　通信装置的示意图 5

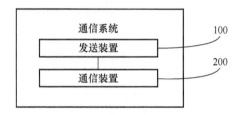

图 5-6　通信装置的结构示意图 6

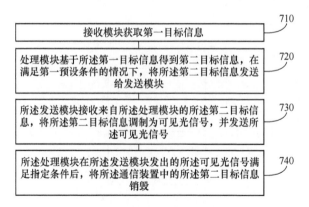

图 5-7　通信装置的结构示意图 7

附图标记说明：

100—通信装置、110—接收模块、120—处理模块、130—发送模块、140—识别模块、150—传感器模块、160—显示模块、170—信息指示灯、180—壳体、181—护盖、190—操控键组、200—发送装置。

5.1.5 具体实施方式

为使本申请的目的、技术方案和优点更加清楚,下面将结合本申请具体实施例及相应的附图对本申请技术方案进行清楚、完整地描述。显然,所描述的实施例是本申请一部分实施例,而不是全部的实施例。基于本申请中的实施例,本领域普通技术人员在没有作出创造性劳动前提下所获得的所有其他实施例,都属于本申请保护的范围。

针对上述如何解决相关技术中通过电子设备进行通信时保密性差的问题,本申请提出一种解决方案,旨在提供一种保密性好的通信装置。

以下结合附图,详细说明本申请各实施例提供的技术方案。

图 5-1 是本申请实施例提供的一种通信装置的结构示意图。

如图 5-1 所示,本申请实施例提供的通信装置 100 可以包括接收模块 110、处理模块 120 和发送模块 130;所述接收模块 110 与所述处理模块 120 连接,所述处理模块 120 与所述发送模块 130 连接;所述接收模块 110,用于获取第一目标信息;所述处理模块 120,用于基于所述第一目标信息得到第二目标信息,在满足第一预设条件的情况下,将所述第二目标信息发送给所述发送模块 130;所述发送模块 130,用于接收来自所述处理模块 120 的所述第二目标信息,将所述第二目标信息调制为可见光信号,并发送所述可见光信号;所述处理模块 120,还用于在所述发送模块 130 发出的所述可见光信号满足指定条件后,将所述通信装置中的所述第二目标信息销毁。

可以理解的是,所述通信装置即可以接收信息,也可以发送信息。

在所述通信装置接收信息的过程中,所述接收模块 110 可以通过接收第一目标信息对应的可见光信号获取第一目标信息,接收模块 110 接收的可见光信号可以是来自发送装置的可见光信号,所述发送装置可以是可发送可见光信号的电子设备,也可以是本申请提供的通信装置。本申请提供的通信装置可以应用于电子设备与通信装置之间的通信,还可以应用于通信装置和通信装置之间的通信。发送装置在发送信息时,会将信息调制为可见光信息并发往所述通信装置。例如,发送装置将第一目标信息发往通信装置时,则将第一目标信息调制为可见光信号,并发往通信装置。通信装置的接收模块 110 则可以接收发送装置发送的可见光信号,并将所述可见光信号解调为第一目标信息。所述接收模块 110 在通过对所述可见光信号解调得到第一目标信息之后,会将所述第一目标信息传输给处理模块 120,处理模块 120 基于所述第一目标信息得到第二目标信息。

所述第二目标信息可以与所述第一目标信息相同,也可以与所述第一目标信息不同。

在所述通信装置发送信息的过程中,所述通信装置中的处理模块 120 将所述第二目标信息发送给所述发送模块130,所述发送模块130接收来自处理模块120的第二目标信息后,可以将第二目标信息调制为可见光信号,并发往接收装置。所述接收装置可以是可接收可见光信号的电子设备,也可以是本申请提供的通信装置。

在所述发送装置也为本申请实施例提供的通信装置的情况下,所述发送装置发送信息的过程与所述通信装置发送信息的过程相同。在接收装置也为本申请实施例提供的通信装置的情况下,所述接收装置接收信息的过程与所述通信装置接收信息的过程相同。

在本申请实施例中,所述通信装置包括接收模块、处理模块和发送模块;所述接收模块与所述处理模块连接,所述处理模块与所述发送模块连接;所述接收模块,用于获取第一目标信息;所述处理模块,用于基于所述第一目标信息得到第二目标信息,在满足第一预设条件的情况下,将所述第二目标信息发送给所述发送模块;所述发送模块,用于接收来自所述处理模块的所述第二目标信息,将所述第二目标信息调制为可见光信号,并发送所述可见光信号;所述处理模块,还用于在所述发送模块发出的所述可见光信号满足指定条件后,将所述通信装置中的所述第二目标信息销毁。由于所述通信装置可以将第二目标信号调制成可见光信号后发出,通过可见光信号进行通信,而可见光通信具有保密性好的特性,因此采用所述通信装置进行通信,可以保证良好的保密性。同时,所述处理模块在所述发送模块发出的所述可见光信号满足指定条件后可以将所述第二目标信息销毁,因此可以防止所述第二目标信息在通信装置中泄露,从而进一步提高了保密性,保证了信息的安全。

为了保证信息传输的安全性,所述第一预设条件可以为当前的信息传输环境的安全性达到预设要求。为了保证信息传输的准确性,所述指定条件可以是,所述第二目标信息在传输过程中传输正确。

本申请实施例中的通信装置可以具有多重验证机制,以提高文件等信息传输的安全性。同时,本申请实施例中的通信装置可以具有文件等信息的传输链路精准记录机制。使用人、传递人、接收人、时间地点等重要信息可以记录在文件中,随文件一同传输,这样可以保障文件等信息的传输路径有迹可循。

图5-2是本申请实施例提供的另一种通信装置的结构示意图。

如图5-2所示,在一个实施例中,所述通信装置还包括识别模块140和传感器模块150,所述识别模块140和所述传感器模块150均与所述处理模块120连接;所述识别模块140,用于识别用户身份,并将识别结果传输给所述处理模块120;所述传感器模块150,用于获取环境信息并将所述环境信息传输给所述处理模块120;所述处理模块120,还用于接收所述识别结果和/或所述环境信息。式中:所述第一预设条件包括所述识别结果满足第一预设要求和/或所述环境信息满足第二预设要求,所述环境信息包括位置信息。

在本申请实施例中,所述通信装置的传感器模块可以获取环境信息。传感器模块可以包括温度传感器、光电传感器、湿度传感器等中的至少一种,环境信息可以为温度传感器感测的温度信息、光电传感器感测的光电信息、湿度传感器感测的湿度信息。传感器模块所包括的具体传感器可以根据通信装置所承担的任务进行调整。

所述识别模块140可以为生物识别模块,例如人脸识别模块、指纹识别模块、瞳孔识别模块或声音识别模块。所述传感器模块150可以包括温度传感器、位置传感器、湿度传感器和光照强度传感器中的至少一种。同时,需了解的是,识别模块同时也可对所传输的信息(例如文件等)的权限等级等进行识别。

通过所述识别模块140可以识别所述通信装置的使用者的身份,例如识别用户是否为所述通信装置的预设用户。所述预设用户可以是预先设置的可以使用所述通信装置的用户。在使用者为所述预设用户的情况下,处理模块120可以将所述第二目标信息传输给所述发送模块130,所述发送模块130接收所述第二目标信息,并将所述第二目标信息调制为第二可见光信号后发送出去。所述第一预设要求可以是使用者为具有传输信息权限的第一预设用户。

通过所述传感器模块150可以获取当前的环境信息,并传输给所述处理模块120,所述处理模块120可以根据当前的环境信息判断当前的传输环境是否安全,如在所述传感器模块150包括位置传感器的情况下,所述处理模块120可以判断通信装置当前是否处于预设位置,所述预设位置可以为信息可以安全传输的位置。在当前的传输环境安全(所述通信装置当前处于预设位置)的情况下,处理模块120可以将所述第二目标信息传输给所述发送模块130,所述发送模块130接收所述第二目标信息,并将所述第二目标信息调制为第二可见光信号后发送出去。所述第二预设要求可以是当前位置为可以进行信息传输的第一预设位置。

如此,则可以通过所述识别模块和所述传感器模块判断当前的信息传输环境是否安全,在当前的信息传输环境安全的情况下,可以通过发送模块将携带信息的可见光信号发出。这样,在当前的信息传输环境安全的情况下进行信息的传输,则可以保证信息传输的安全性和保密性。

同时,在另一个实施例中,所述处理模块120在得到所述第一目标信息之后,还用于将所述通信装置的装置信息写入所述第一目标信息,得到第二目标信息。

其中,所述装置信息包括以下至少一种:所述通信装置的时间信息;所述通信装置的标识信息;所述通信装置的地理位置信息。

所述通信装置的装置信息可以包括所述通信装置当前的时间信息、地理位置信息和所述通信装置的标识信息(如通信装置的序列号)中的至少一种。将所述装置信息写入所述第一目标信息中得到第二目标信息,则可以通过第二目标信息中的所述装置信息掌握信息的传输路径(如在何时何地,某信息经序列号为99的通信装置接收或发送)。

如此,将所述通信装置的装置信息写入所述第一目标信息得到第二目标信息后,将所述第二目标信息发送给所述发送模块,则可以通过所述第二目标信息中的装置信息掌握信息的传输路径。

可选地,本申请实施例还可以通信装置还可以将所述装置信息发送给远端服务器,所述远端服务器可以根据各个通信装置发送的装置信息,生成信息转播图,所述信息传播图中包括信息的传播路径。

在所述处理模块120将所述通信装置的装置信息写入所述第一目标信息并得到第二目标信息之前,所述处理装置120还用于根据所述第一目标信息生成所述通信装置接收到的第一目标信息对应的接收信息校验码(通信装置接收到的第一目标信息的校验码);将所述接收信息校验码发送给发送模块130,通过通信装置中的发送模块130将所述接收信息校验码发往发送装置。在本申请实施例中,校验码可以根据对应载体(例如文件)的内容数据生成的,并非一直随载体进行传递。以载体为文件为例,由于文件的附录部分包括文件传输路径等信息,在传播过程中是在不断更新的,故可以实时生成文件校验码。

所述发送装置接收到所述接收信息校验码后,会生成发送信息校验码(所述发送装置发送的第一目标信息的校验码),并将所述接收信息校验码与发送装置中的发送信息校验码进行比对,然后将比对结果发往通信装置。

可以理解的是,在信息传输过程中,可能会出现传输出错的情况。例如,在发送装置将第一目标信息发送给通信装置的过程中可能会出现传输出错的情况,如第一目标信号中的部分数据丢失的情况,则会导致通信装置接收到的第一目标信息与所述发送装置发送的第一目标信息不是完全相同的。为了避免这种情况,则可以通过比对接收信息校验码和发送信息校验码,来判断第一目标信息在传输过程中是否出错。若传输出错,所述发送装置则可以重新发送第一目标信号,或者所述通信装置重新接收所述第一目标信号。

通信装置收到所述比对结果后,若所述比对结果指示传输正确,所述通信装置还可以向发送装置发送指示进行销毁操作的可见光信号,发送装置在接收到所述可见光信号之后,则可以对发送装置中的第一目标信息销毁。

在所述通信装置还可以向发送装置发送指示进行销毁操作的可见光信号之后,所述通信装置中的处理模块120可以根据第一目标信息得到第二目标信息。

在发送装置将发送装置中的第一目标信息销毁后,则可以断开发送装置与通信装置之间的连接。将通信装置与接收装置连接,并将第二目标信息发送给接收装置。

需要了解的是,在本申请实施例中,发送装置与通信装置之间连接的断开未必是在第一目标信息销毁之后。在一种可能的实现方式中,以第一目标信息以文件的形式传输为例,在文件传输完毕并完成校验后,通信装置可以将原始文件的后续处理信号传递到发送装置,发送装置根据此后续处理信号决定后续的具体处理流程。

同理,在通信装置将第二目标信息发送给接收装置后,所述接收装置也可以根据所述第二目标信息生成所述接收置接收到的第二目标信息对应的接收信息校验码(通信装置接收到的第二目标信息的校验码),并将所述接收信息校验码发送给通信装置。通信装置接收到所述接收信息校验码后,会生成发送信息校验码(所述发送装置发送的第二目标信息的校验码),并将所述接收信息校验码与发送装置中的发送信息校验码进行比对,然后将比对结果发往接收装置。接收装置收到所述比对结果后,若所述比对结果指示传输正确,所述接收装置还可以向通信装置发送指示进行销毁操作的可见光信号,通信装置在接收到所述可见光信号之后,则可以将通信装置中的第二目标信息销毁。

需说明的是,在发送装置与通信装置进行信息传输时(发送装置向所述通信装置传输第一目标信息),所述发送装置需与所述通信装置连接,在发送装置与通信装置传输结束后(发送装置将发送装置中的第一目标信息销毁后),则断开所述发送装置与所述通信装置之间的连接,再使通信装置与接收装置连接,进行通信装置与接收装置之间的信息传输(通信装置根据第一目标信息得到第二目标信息并向接收装置传输第二目标信息)。

在另一个实施例中,所述第一目标信息可以对应第一可见光信号和第二可见光信号,所述第一目标信息包括标签信息和内容信息,所述标签信息包括所述第一目标信息的保密等级,所述标签信息与所述第一可见光信号相对应,所述内容信息与所述第二可见光信号相对应;所述接收模块110,具体用于接收第一可见光信号,对所述第一可见光信号进行解调得到所述标签信息,并将所述标签信息传输给所述处理模块120;所述处理模块120,用于接收所述标签信息并确定所述标签信息是否满足第二预设条件,在所述标签信息满足第二预设条件的情况下,控制所述接收模块110接收所述第二可见光信号;所述接收模块110,还具体用于接收所述第二可见光信号,对所述第二可见光信号进行解调得到内容信息,并将所述内容信息传输给所述处理模块120;所述处理模块120,还用于接收来自所述接收模块110的所述内容信息。其中,所述第二预设条件包括所述第一目标信息的保密等级与所述通信装置的权限等级和/或所述通信装置的使用者的权限等级相匹配。

可以理解的是,所述接收模块110可以通过接收第一可见光信号和第二可见光信号,获取第一目标信息。所述标签信息与所述第一可见光信号相对应,表示所述第一可见光信号携带有所述第一目标信息的标签信息;所述内容信息与所述第二可见光信号相对应,表示所述第二可见光信号携带有所述第一目标信息的内容信息。

所述标签信息可以包括所述第一目标信息的信息类型和保密等级。

可以理解的是,各种信息的信息类型和保密等级可以不同,每个通信装置的权限等级和每个通信装置的不同使用者的权限等级也可以不同,在信息的保密等级较高的情况下,只有权限等级较高的通信装置和/或权限等级较高的使用者可以接收所述信息,权限等级较低的通信装置和/或权限等级较低的使用者无法接收保密等级较高的信息。

因此,所述第二预设条件可以包括所述第一目标信息的保密等级与所述通信装置的权限等级和/或所述通信装置的使用者的权限等级相匹配。所述第一目标信息的保密等级与所述通信装置的权限等级相匹配,可以是所述第一目标信息的保密等级小于或等于所述通信装置的权限等级;所述第一目标信息的保密等级与所述通信装置的使用者的权限等级相匹配,可以是所述第一目标信息的保密等级小于或等于所述通信装置的使用者的权限等级。

所述通信装置可以在所述第一目标信息的保密等级与所述通信装置的权限等级和/或所述通信装置的使用者的权限等级相匹配的情况下,接收携带所述第一目标信息的内容信息的第二可见光信号;在所述第一目标信息的保密等级与所述通信装置的权限等级和/或所述通信装置的使用者的权限等级不匹配的情况下(所述标签信息不满足第二预设条件的情况下),拒绝接收所述第二可见光信号。

如此,所述接收模块110先接收携带所述第一目标信息的标签信息的第一可见光信号,然后在第一可见光信号对应的标签信息满足第二预设条件的情况下,接收携带所述第二目标信息的内容信息的第二可见光信号。所述通信装置接收的是与所述通信装置的权限等级和/或所述通信装置的使用者相对应的信息,进一步保证了信息的安全。

所述处理模块120在确定所述标签信息是否满足第二预设条件之前还可以根据所述标签信息确定所述第一目标信息的信息类型,所述信息类型包括普通信息和重要信息。若所述第一目标信息为普通信息,则将所述第一目标信息保存在普通信息存储器(所述通信装置包括普通信息存储器)中,然后直接通过发送模块将所述第一目标信息发送给接收装置。若所述第一目标信息为重要信息,则通过处理模块120确定所述标签信息是否满足第二预设条件。

在另一个实施例中,所述第一目标信息可以对应第一可见光信号、第二可见光信号和第三可见光信号,所述第一目标信息包括标签信息、内容信息和处置信息,所述标签信息包括所述第一目标信息的保密等级,所述标签信息与所述第一可见光信号相对应,所述内容信息与所述第二可见光信号相对应,所述处置信息与所述第三可见光信号相对应。所述处理模块120在所述标签信息满足第二预设条件的情况下,可以控制所述接收模块110接收所述第二可见光信号和所述第三可见光信号。所述处置信息用于指示采用预设方法销毁所述发送装置的第一目标信息。

在通信装置收到指示传输正确的比对结果后,所述处理模块120还用于从所述第一目标信息中解析出处置信息,并将所述处置信息通过发送模块调制为可见光信号后发往所述发送装置。所述发送装置接收到所述可见光信号后,解调出所述处置信息,根据所述处置信息对所述发送装置的第一目标信息进行处置(例如,销毁)。在本申请实施例中,对信息进行销毁可以包括多种销毁方法,例如可以仅需销毁的信息(例如,第一目标信息)删除,还可以将需销毁的信息所在的存储区域中的信息全部删除或将储存器低级格式化,甚至可以启动装置中存在的自毁模块(通信装置、发送装置和接收装置中均可包括自毁模块),将整个装置全部销毁,以达到保密目的。同时,可以根据信息的保密等级不同,按照不同的销毁方法销毁信息。

图5-3是本申请实施例提供的另一种通信装置的结构示意图。

如图5-3所示,在另一个实施例中,所述通信装置还可以包括显示模块160,所述显示模块160与所述处理模块120连接;所述处理模块120,还用于在满足第三预设条件的情况下,将所述第一目标信息传输给所述显示模块160;所述显示模块160,用于接收来自所述处理模块120的所述第一目标信息,并显示与所述第一目标信息相关联的信息。其中,所述第三预设条件包括所述识别结果满足第三预设要求和/或所述环境信息满足第四预设要求。

所述与所述第一目标信息相关联的信息可以是所述第一目标信息本身,也可以是所述第一目标信息的属性信息等。所述属性信息可以为所述第一目标信息的大小、格式等。

所述第三预设条件可以与所述第一预设条件相同,也可以与所述第一预设条件不同;所述第三预设要求可以与所述第一预设要求相同,也可以与所述第一预设要求不同;所述第四预设要求可以与所述第二预设要求相同,也可以与所述第二预设要求不同。所述第三预设要求可以是使用者为具有查看信息权限的第二预设用户。所述第四预设要求可以是当前位置为可以进行信息传输的第二预设位置。所述第二预设用户可以与所述第一预设用户相同,也可以与所述第一预设用户不同;所述第二预设位置可以与所述第一预设位置相同,也可以与所述第一预设位置不同。

如此,则可以通过所述显示模块将与所述第一目标信息相关联的信息显示给用户观看;所述处理模块在第三预设条件的情况下,将所述第一目标信息传输给所述显示模块,则可以仅将与所述第一目标信息相关联的信息显示给具有观看与所述第一目标信息相关联的信息的权限的用户观看,或仅在安全环境下将所述与所述第一目标信息相关联的信息通过显示模块显示出来,以保证所述与所述第一目标信息相关联的信息的安全性。

如图 5-3 所示,所述通信装置还可以包括信息指示灯 170,所述信息指示灯 170 与所述处理模块 120 连接;所述处理模块 120,还用于根据所述标签信息生成控制信号,并将所述控制信号传输给所述信息指示灯;所述信息指示灯 170,用于根据所述控制信号进行显示;所述控制信号指示与所述第一目标信息的保密等级对应的显示方式。

所述控制信号可以指示所述信息指示灯的亮度或颜色,所述信息指示灯的亮度或颜色与所述第一目标信息的保密等级相对应。例如,在所述标签信息中所述第一目标信息的保密等级为 1 的情况下,所述控制信号可以指示所述信息指示灯的亮度为第一亮度或颜色为黄色。

如此,则可以通过所述信息指示灯指示所述第一目标信息的保密等级。

图 5-4 是本申请实施例提供的另一种通信装置的结构示意图。

如图 5-4 所示,在另一个实施例中,所述通信装置还包括壳体 180、操控键组 190 和二维码图像接收模块,所述壳体 180 为长方体,所述接收模块 110 和所述发送模块 130 设置于所述壳体 180 的第一侧面上,所述处理模块设置于所述壳体内部;所述操控键组 190 与所述处理模块连接,所述操控键组 190 设置于所述壳体 180 的第二侧面上,所述第一侧面与所述第二侧面相垂直,所述操控键组 190 用于操控所述通信装置的功能模式;所述二维码图像接收模块与所述处理模块连接,所述二维码图像接收模块设置于所述第一侧面上;所述壳体 180 具有护盖 181,所述护盖 181 与所述壳体 180 的第二侧面活动连接。本申请实施例中的二维码图像接收模块所接收的二维码图像可以是静态的二维吗图像,也可以是动态时变的二维码图像。其中,二维码图像中的隐藏信息也可以被识别出。需要说明的是,图 5-4 中未示出所述处理模块和所述二维码图像接收模块,所述处理模块设置于所述壳体内部。

所述接收模块 110 可以接收光信号,所述二维码接收模块可以接收二维码图像。其中,所述二维码图像可以包含多种形式已经被转换为二维图像的目标文件。

所述护盖 181 可打开或关闭,所述护盖 181 用于保护所述操控键组 190。

所述操控键组可以用于启动所述通信装置或关闭所述通信装置。

图 5-5 是本申请实施例提供的又一种通信装置的结构示意图。

如图 5-5 所示,所述通信装置还可以包括识别模块 140、传感器模块、显示模块 160、信息指示灯 170 和电源模块,所述识别模块 140、所述传感器模块、所述信息指示灯 170 和所述显示模块 160 均与所述处理模块 120 连接,所述信息指示灯 170 和所述显示模块 160 均设置在所述壳体 180 的所述第二侧面;所述接收模块 110、所述处理模块 120、所述发送模块 130、所述识别模块 140、所述传感器模块、所述显示模块 160、所述信息指示灯 170 和所述操控键组 190 均与所述电源模块连接。

所述电源模块用于为所述通信装置提供电源,所述电源装置可以包括太阳能电池板或普通蓄电池。

所述识别模块 140 可以位于所述壳体 180 的任一侧面;所述传感器模块可以位于所述壳体 180 内部,也可以位于所述壳体 180 的表面;所述电源模块可以位于所述壳体 180 内部,也可以位于所述壳体 180 的表面。

需要说明的是,所述传感器模块和所述电源模块均未在图 5-5 中示出。

所述护盖 181 还可以用于保护所述识别模块 140。

所述操控键组还可以用于打开所述通信装置的显示功能,即使所述显示模块工作,在所述传感器模块包括多种传感器的情况下,所述操控键组还可以用于选取用于工作的传感器。

需说明的是,在两个本申请实施例提供的通信装置进行通信时,两个通信装置之间需建立物理连接,使作为发送装置的通信装置的发送模块与作为接收装置的通信装置的接收模块连接。

可选地,本申请实施例提供的通信装置还可以包括基于光学原理的实体钥匙,所述实体钥匙的作用与所述识别模块相同,都可以用于识别使用者的身份。所述实体钥匙可以由实现光信号传输变换的介质材料制成,用以对光的某些独特性质进行可重复的加工变换。在一种可能的实现方式中,所述实体钥匙可以由光学元件制成,例如可以由棱镜或者透镜制成,所述实体钥匙可以具有第一端和第二端。在需识别使用者身份时,可以将所述实体钥匙的第一端插入发送模块,第二端插入接收模块。所述发送模块在感应到实体钥匙插入之后会发出光信号,所述光信号可在实体钥匙中传播,所述光信号经过实体钥匙传入接收模块。需说明的是,所述光信号在实体钥匙中传播的过程中会产生预设变化,若接收模块接收到的产生预设变化之后的光信号满足一定要求,则处理模块可以将信息发送给发送模块,然后经发送模块发出。所述第一预设条件还可以包括经过实体钥匙的光信号后满足一定要求。

图 5-6 为本申请实施例提供的一种通信系统的结构示意图。

如图 5-6 所示,本申请实施例还提供一种通信系统,所述通信系统包括本申请实施例提供的通信装置 100 和发送装置 200;所述发送装置 200 和所述通信装置 100 之间存在可见光通信连接。

(1) 所述发送装置 200 用于:向所述通信装置 100 发送携带所述第一目标信息的可见光信号;

(2) 所述通信装置 100 用于:基于所述可见光信号,获取第一目标信息;基于所述第一目标信息,生成校验码,并向所述发送装置发送所述校验码;

(3) 所述发送装置 200 还用于:确定所述校验码是否正确,并在所述校验码正确的情况下,断开与所述通信装置之间的可见光通信连接。

所述可见光通信连接可以为装置之间的物理连接。

可选地,所述通信装置100还可以用于向所述发送装置200发送操作指令,所述操作指令包括针对所述第一目标信息的销毁指令;所述发送装置200还用于在接收到所述操作指令之后,对所述第一目标信息执行销毁操作。

本申请实施例提供的通信系统,在发送装置与通信装置进行信息传输时,可以通过可见光信号进行信息传输,而可见光通信具有保密性好的特性,因此采用所述通信装置进行通信,可以保证良好的保密性。同时,所述发送装置在通信装置接收到第一目标信息后可以将所述第一目标信息销毁,因此可以防止所述第一目标信息在发送装置中泄露,从而进一步提高了保密性,保证了信息的安全。

本申请实施例还提供一种通信方法,图5-7为本申请实施例提供的通信方法的流程图,如图5-7所示,所述通信方法包括以下步骤:

(1)步骤710,接收模块获取第一目标信息。

(2)步骤720,处理模块基于所述第一目标信息得到第二目标信息,在满足第一预设条件的情况下,将所述第二目标信息发送给发送模块。

(3)步骤730,所述发送模块接收来自所述处理模块的所述第二目标信息,将所述第二目标信息调制为可见光信号,并发送所述可见光信号。

(4)步骤740,所述处理模块在所述发送模块发出的所述可见光信号满足指定条件后,将所述通信装置中的所述第二目标信息销毁。

在本申请实施例中,在信息传输的过程中,接收模块可以获取第一目标信息;处理模块可以基于所述第一目标信息得到第二目标信息,在满足第一预设条件的情况下,将所述第二目标信息发送给发送模块;所述发送模块接收来自所述处理模块的所述第二目标信息,将所述第二目标信息调制为可见光信号,并发送所述可见光信号;所述处理模块在所述发送模块发出的所述可见光信号满足指定条件后,还可以将所述通信装置中的所述第二目标信息销毁。由于可以将第二目标信号调制成可见光信号后发出,通过可见光信号进行通信,而可见光通信具有保密性好的特性,因此采用所述本申请实施例提供的通信方法进行通信,可以保证良好的保密性。同时,所述处理模块在所述发送模块发出的所述可见光信号满足指定条件后可以将所述第二目标信息销毁,因此可以防止所述第二目标信息泄露,从而进一步提高了保密性,保证了信息的安全。

需了解的是,上文描述的通信方法可应用于本申请实施例提供的通信装置。

通过以上的实施方式的描述,本领域内的技术人员应明白,本发明的实施例可提供为方法、系统、或计算机程序产品。因此,本发明可采用完全硬件实施例、完全软件实施例或结合软件和硬件方面的实施例的形式。而且,本发明可采用在一个或多个其中包含有计算机可用程序代码的计算机可用存储介质(包括但不限于磁盘存储器、CD-ROM、光学存储器等)上实施的计算机程序产品的形式。

本发明是参照根据本发明实施例的方法、设备(系统)和计算机程序产品的流程图和/或方框图来描述的。应理解可由计算机程序指令实现流程图和/或方框图中的每一流程和/或方框以及流程图和/或方框图中的流程和/或方框的结合。可提供这些计算机程序指令到通用计算机、专用计算机、嵌入式处理机或其他可编程数据处理设备的处理器以产生一个机器，使得通过计算机或其他可编程数据处理设备的处理器执行的指令产生用于实现在流程图一个流程或多个流程和/或方框图一个方框或多个方框中指定的功能的装置。

这些计算机程序指令也可存储在能引导计算机或其他可编程数据处理设备以特定方式工作的计算机可读存储器中，使得存储在该计算机可读存储器中的指令产生包括指令装置的制造品，该指令装置实现在流程图一个流程或多个流程和/或方框图一个方框或多个方框中指定的功能。

这些计算机程序指令也可装载到计算机或其他可编程数据处理设备上，使得在计算机或其他可编程设备上执行一系列操作步骤以产生计算机实现的处理，从而在计算机或其他可编程设备上执行的指令提供用于实现在流程图一个流程或多个流程和/或方框图一个方框或多个方框中指定的功能的步骤。

在一个典型的配置中，计算设备包括一个或多个处理器（CPU）、输入/输出接口、网络接口和内存。

内存可能包括计算机可读介质中的非永久性存储器、随机存取存储器（RAM）和/或非易失性内存等形式，如只读存储器（ROM）或闪存(flash RAM)。内存是计算机可读介质的示例。

计算机可读介质包括永久性和非永久性、可移动和非可移动媒体可以由任何方法或技术来实现信息存储。信息可以是计算机可读指令、数据结构、程序的模块或其他数据。计算机的存储介质的例子包括，但不限于相变内存（PRAM）、静态随机存取存储器（SRAM）、动态随机存取存储器（DRAM）、其他类型的随机存取存储器（RAM）、只读存储器（ROM）、电可擦除可编程只读存储器（EEPROM）、快闪记忆体或其他内存技术、只读光盘只读存储器（CD-ROM）、数字多功能光盘（DVD）或其他光学存储、磁盒式磁带、磁带磁盘存储或其他磁性存储设备或任何其他非传输介质，可用于存储可以被计算设备访问的信息。按照本文中的界定，计算机可读介质不包括暂存电脑可读媒体（Transitory Media），如调制的数据信号和载波。

需要说明的是，在本文中，术语"包括""包含"或者其任何其他变体意在涵盖非排他性的包含，从而使得包括一系列要素的过程、方法、物品或者装置不仅包括那些要素，而且还包括没有明确列出的其他要素，或者是还包括为这种过程、方法、物品或者装置所固有的要素。在没有更多限制的情况下，由语句"包括一个……"限定的要素，并不排除在包括该要素的过程、方法、物品或者装置中还存在另外的相同要素。

上面结合附图对本申请的实施例进行了描述,但是本申请并不局限于上述的具体实施方式,上述的具体实施方式仅仅是示意性的,而不是限制性的,本领域的普通技术人员在本申请的启示下,在不脱离本申请宗旨和权利要求所保护的范围情况下,还可做出很多形式,均属于本申请的保护之内。

5.2 基于自然光的通信装置及方法

5.2.1 技术领域

本申请涉及通信领域,尤其涉及一种基于自然光的通信装置及方法。

5.2.2 背景技术

随着可见光通信技术的发展,以发光二极管(Light-Emitting Diode,LED)为主的可见光通信技术得到广泛应用。

目前的可见光通信技术是通过LED驱动电路对LED进行数字调制,LED可以发出肉眼看不到的高速明暗闪烁信号来传输信息。

但是,利用LED等人造光源进行远距离的通信时,需要消耗大量能源。

5.2.3 发明内容

本申请实施例提供一种基于自然光的通信装置及方法,以解决现有的室外应急机动光通信中功耗大的问题。

为了解决上述问题,本申请采用下述技术方案。

第一方面,本申请实施例提供一种基于自然光的通信装置,包括:光收集组件、光信号处理组件和光信号发射组件,所述光收集组件与所述光信号处理组件连接;所述光信号处理组件与所述光信号发射组件连接。

(1)所述光收集组件,用于收集自然光,并向所述光信号处理组件传输收集的自然光;

(2)所述光信号处理组件,用于接收所述光收集组件传输的自然光,对接收到的自然光进行处理,得到携带指定信息的指定光信号,向所述光信号发射组件传输所述指定光信号;

(3)所述光信号发射组件,用于接收来自所述光信号处理组件的所述指定光信号,并向外发射所述指定光信号。

第二方面,本申请实施例提供一种基于自然光的通信方法,应用于上述基于自然光的通信装置,所述通信方法包括:

（1）所述光收集组件收集自然光,并向所述光信号处理组件传输收集的自然光;

（2）所述光信号处理组件接收所述光收集组件传输的自然光,对接收到的自然光进行处理,得到携带指定信息的指定光信号,向所述光信号发射组件传输所述指定光信号;

（3）所述光信号发射组件接收来自所述光信号处理组件的所述指定光信号,并向外发射所述指定光信号。

本申请实施例采用的上述至少一个技术方案能够达到以下有益效果。

在本申请实施例中,通信装置包括:光收集组件、光信号处理组件和光信号发射组件,所述光收集组件与所述光信号处理组件连接;所述光信号处理组件与所述光信号发射组件连接;所述光收集组件,用于收集自然光,并向所述光信号处理组件传输收集的自然光;所述光信号处理组件,用于接收所述光收集组件传输的自然光,对接收到的自然光进行处理,得到携带指定信息的指定光信号,向所述光信号发射组件传输所述指定光信号;所述光信号发射组件,用于接收来自所述光信号处理组件的所述指定光信号,并向外发射所述指定光信号。如此,可以通过将自然光收集起来并进行处理,然后将携带信息后的光信号发出,从而实现绿色节能的远距离光通信。

5.2.4 附图说明

此处所说明的附图用来提供对本申请的进一步理解,构成本申请的一部分,本申请的示意性实施例及其说明用于解释本申请,并不构成对本申请的不当限定。在附图中:

图 5-8 为本申请实施例提供的一种基于自然光的通信装置的结构示意图;

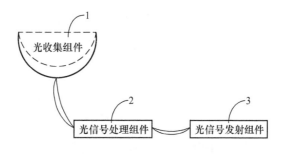

图 5-8 基于自然光的通信装置的结构示意图

图 5-9 为本申请实施例提供的一种基于自然光的通信装置中光收集组件的结构示意图;

图 5-10 为本申请实施例提供的一种基于自然光的通信装置中光信号处理组

件的结构示意图；

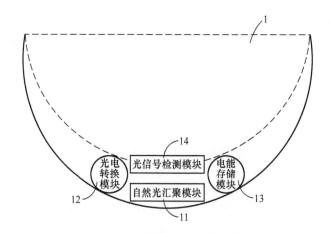

图 5-9 基于自然光的通信装置中光收集组件的结构示意图

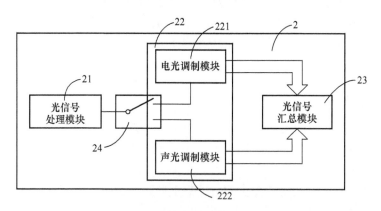

图 5-10 基于自然光的通信装置中光信号处理组件的结构示意图

图 5-11 为本申请实施例提供的一种基于自然光的通信装置中光信号发射组件的结构示意图；

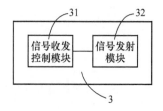

图 5-11 基于自然光的通信装置中光信号发射组件的结构示意图

图 5-12 为本申请实施例提供的一种基于自然光的通信装置的结构示意图；

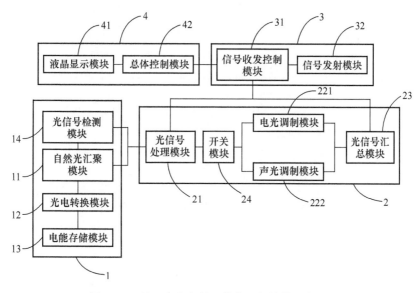

图 5-12 基于自然光的通信装置的结构示意图 1

图 5-13 为本申请实施例提供的一种基于自然光的通信装置的结构示意图；

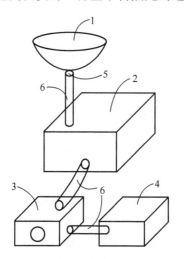

图 5-13 基于自然光的通信装置的结构示意图 2

图 5-14 为本申请实施例提供的一种基于自然光的通信方法的流程图。

附图标记说明：

1—光收集组件、2—光信号处理组件、3—光信号发射组件、11—自然光汇聚模块、12—光电转换模块、13—电能存储模块、14—光信号检测模块、21—光信号处理模块、22—自然光调制模块、221—电光调制模块、222—声光调制模块、23—光信号汇总模块、24—开关模块、31—信号收发控制模块、32—信号发射模块、4—显示组件、41—液晶显示模块、42—总体控制模块、5—转轴、6—传输管。

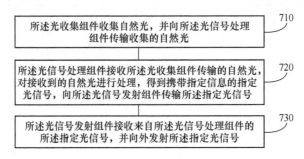

图 5-14 基于自然光的通信方法的流程图

5.2.5 具体实施方式

为使本申请的目的、技术方案和优点更加清楚,下面将结合本申请具体实施例及相应的附图对本申请技术方案进行清楚、完整地描述。显然,所描述的实施例仅是本申请一部分实施例,而不是全部的实施例。基于本申请中的实施例,本领域普通技术人员在没有做出创造性劳动前提下所获得的所有其他实施例,都属于本申请保护的范围。

在本申请的描述中,需要说明的是,除非另有明确的规定和限定,术语"安装""相连""连接"应做广义理解。例如,可以是固定连接,也可以是可拆卸连接,或一体地连接;可以是机械连接,也可以是电连接;可以是直接相连,也可以通过中间媒介间接相连,还可以是两个元件内部的连通。对于本领域的普通技术人员而言,可以具体情况理解上述术语在本申请中的具体含义。

以下结合附图,详细说明本申请各实施例提供的技术方案。

图 5-8 为本申请实施例提供的一种基于自然光的通信装置的结构示意图。如图 5-8 所示,所述通信装置可以包括:光收集组件 1、光信号处理组件 2 和光信号发射组件 3,所述光收集组件 1 可以与所述光信号处理组件 2 连接;所述光信号处理组件 2 可以与所述光信号发射组件 3 连接;所述光收集组件 1,可以用于收集自然光,并向所述光信号处理组件 2 传输收集的自然光;所述光信号处理组件 2,可以用于接收所述光收集组件 1 传输的自然光,对接收到的自然光进行处理,得到携带指定信息的指定光信号,向所述光信号发射组件 3 传输所述指定光信号;所述光信号发射组件 3,可以用于接收来自所述光信号处理组件 2 的所述指定光信号,并向外发射所述指定光信号。其中,所述携带指定信息的指定光信号可以为自然光经过所述光信号处理组件 2 处理之后得到的光信号。所述指定信息可以为用户向外发射光信号所需传递的信息。

需了解的是,图5-8所示提供的通信装置中的所述光收集组件1的形状仅是一种示例,并不意为限制,具体形状可以根据实际应用情况进行选择。举例而言,所述光收集组件1可以为凹面型,即例如实际应用中太阳能锅的形状。

在本申请实施例中,光收集组件1、光信号处理组件2和光信号发射组件3这三个组件之间均可以通过光纤和电路进行连接。其中,光信号可以通过光纤传输,而通过电路可以为所述通信装置中各个部件进行供电。

本申请实施例提供的基于自然光的通信装置,不同于现有的室外应急机动光通信时功耗大,可以通过将自然光收集起来并进行处理,然后将携带信息后的光信号发出,从而实现绿色节能的远距离光通信。

下面进一步地介绍本申请实施例提供的基于自然光的通信装置中各个部件的具体结构。

图5-9为本申请实施例提供的一种基于自然光的通信装置中光收集组件的结构示意图。如图5-9所示,所述光收集组件可以包括:自然光汇聚模块11、光电转换模块12、电能存储模块13和光信号检测模块14;所述自然光汇聚模块11可以与所述光电转换模块12连接,所述光电转换模块12可以与所述电能存储模块13电连接,所述电能存储模块13可以与所述光信号检测模块14电连接。其中,所述自然光汇聚模块11可以设置于所述凹面型结构的内部,从而可以更好地汇聚自然光;所述光信号检测模块14可以设置在所述凹面型结构的用于接收自然光的表面上,从而可以更好地检测外界发来的光信号。

在本申请的实施例中,如图5-9所示,所述自然光汇聚模块11可以用于汇聚接收到的自然光,并向所述光电转换模块12传输汇聚的一部分自然光;所述光电转换模块12可以用于将接收到的自然光的光能转换成电能,并向所述电能存储模块13传输所述电能;所述电能存储模块13可以用于存储接收到的电能,并向光信号检测模块14提供电能;所述光信号检测模块14可以用于对接收到的目标光信号进行检测,以确定所述目标光信号是否携带目标信息;在所述目标光信号携带所述目标信息的情况下,向所述光信号处理组件2传输所述目标光信号;在所述目标光信号不携带所述目标信息的情况下,向所述自然光汇聚模块11传输所述目标光信号。其中,向所述光信号处理组件2传输的所述目标光信号可以为所述光信号检测模块14接收到外界设备发来的携带有目标信息的光信号。所述目标信息可以为外界设备主动发送来的通信消息,也可以为外界设备针对接收到本通信装置发送的消息进行回复的信息。

在本申请的实施例中,为了提供较广的吸光角度,所述光收集组件1可以为太阳能锅的内凹弧面结构,所述自然光汇聚模块11可以设置于内凹弧面结构的底部。所述内凹弧面可以梯度受光,通过两侧壁的不断反射实现自然光的第一次汇聚。所述弧面可以为蓄光型夜光纤维,在有光的条件下(尤其是自然光较强的日间),可以充分吸收光能并储存。

其中,夜光纤维吸收可见光 10min,便能将光能蓄贮于纤维之中,在黑暗状态下持续发光 10h 以上。在有光照时,夜光纤维可以呈现出各种颜色,如红色、黄色、绿色、蓝色等;在黑暗中,夜光纤维可以发出各种色光,如红光、黄光、蓝光、绿光等。夜光纤维色彩绚丽,且不需染色,是环保高效的高科技产品。制造夜光纤维的发光材料分为自发光型和蓄光型两种,自发光型夜光材料的基本成分为放射性材料,不需要从外部吸收能量,无论黑夜或白天都可持续发光。但是因为含有放射性物质,所以在使用时受到较大的限制,废弃后的处理也是一大问题。而蓄光型夜光材料不含有放射性物质,没有使用方面的限制,但它们要依靠吸收外部的光能才能发光,而且要储备足够的光能才能保证一直发光。如此,使用蓄光型夜光纤维可以更加绿色环保。

在本申请的实施例中,所述光电转换模块 12 在所述光收集组件 1 中所占面积不大,所述光电转换模块 12 可以将所述自然光汇聚模块 11 汇聚的自然光实现从光能转换为电能,并传输到所述电能存储模块 13 中进行储存,进而为整个通信装置的电路供能。其中,所述电能存储模块 13 类似于蓄电池的工作原理,所述电能存储模块 13 可以由轻薄石墨烯构成。利用锂离子在石墨烯表面和电极之间快速大量穿梭运动的特性,石墨烯可以具有高导电性、高强度、超轻薄等特性,从而可以更好地储存电能。可以理解的是,所述电能存储模块 13 还可以用于向所述光信号处理组件 3 和所述光信号发射组件 4 中的至少一个供电。

可选地,在本申请的一个实施例中,所述光信号检测模块 14 可以设置在内凹弧面的太阳能锅的表面,自然光可以透过所述光信号检测模块 14 在所述自然光汇聚模块 11 处被汇聚。在接收到的自然光中存在携带所述目标信息的所述目标光信号的情况下,举例而言,可以在所述光收集组件 1 的内凹弧面上有序排列柱面聚光体和柱面反光体,从而用于辅助汇聚自然光。所述光信号检测模块 14 可以将携带所述目标信息的所述目标光信号通过光纤向下一模块进行传递。如此,利用光信号检测模块对携带目标信息的目标光信号进行初步汇聚,可以节约光处理的成本,提高最终发射光信号的效率。

本申请实施例提供的基于自然光的通信装置,通过自然光汇聚模块、光电转换模块和电能存储模块可以将自然光收集起来为下一模块供能,实现绿色节能的远距离大功率光通信;以及通过光信号检测模块对携带目标信息的目标光信号进行初步汇聚,可以节约光处理的成本,提高最终发射光信号的效率。

图 5-10 为本申请实施例提供的一种基于自然光的通信装置中光信号处理组件的结构示意图。如图 5-10 所示,所述光信号处理组件 2 可以包括:光信号处理模块 21,所述光信号处理模块 21 可以与所述自然光汇聚模块 11 连接,以接收来自所述自然光汇聚模块 11 的自然光;所述光信号处理模块 21 可以与所述光信号

检测模块14连接，以接收来自所述光信号检测模块14的携带所述目标信息的所述目标光信号。如此，可以在所述光信号处理模块中通过两条光信号的通路，从而实现后续光信号的接收和发射。

如图5-10所示，所述光信号处理组件2还可以包括：自然光调制模块22，所述自然光调制模块22可以包括电光调制模块221和声光调制模块222；所述光信号处理模块21可以通过开关模块24分别与所述电光调制模块221和所述声光调制模块222相连接；在满足第一条件的情况下，所述光信号处理模块21可以与所述电光调制模块221导通；在满足第二条件的情况下，所述光信号处理模块21可以与所述声光调制模块222导通。其中，所述第一条件可以为用户需要发射高速的光信号；所述第二条件可以为用户需要发射高精度的光信号。所述自然光调制模块22可以根据所述指定信息来控制光信号的亮暗。可以理解的是，所述电光调制模块221可以为铌酸锂做的光波导强度调试器，所述光波导强度调试器可以包括强度调制器，预发射的光通过所述电光调制模块221调制之后可以保证信号传递的高速率。其中，铌酸锂（$LiNbO_3$，LN）是一种无色或略带黄绿色的负单轴晶体，具有优良的压电、电光、声光性质，是理想的制作声表面波、电光调制器等器件的材料。

在本申请的实施例中，所述电光调制模块221可以利用电光效应，所述电光效应可以指介质材料的光学特性（折射率）随外加电场而发生变化的现象。利用介质材料的电光效应可以实现对材料的折射率的电调谐，从而实现对其中传输的光波的强度的调制。所述声光调制模块222可以利用声光效应，使光信号受到调制而成为携带信息的强度调制波，从而保证光信号传递的高精度。

其中，所述声光效应可以是研究光通过机械波扰动的介质时发生散射或衍射的现象。机械波通过介质时会造成介质的局部压缩和伸长而产生弹性应变，该弹性应变随时间和空间作周期性变化，使介质出现疏密相间的现象，如同一个相位光栅。当光通过这一受到机械波扰动的介质时就会发生衍射现象，这种现象称为声光效应。由于声光效应，当纵波以行波形式在介质中传播时会使介质折射率产生正弦或余弦规律变化，并随机械波一起传播，当激光通过此介质时，就会发生光的衍射。

如此，可以通过电光调制和声光调制两种调制方式的特性，使得用户在不同的情况下选择更优的通信方式。

可选地，在本申请的一个实施例中，如图5-10所示，所述光信号处理组件2还可以包括：光信号汇总模块23；所述光信号汇总模块23可以通过所述光纤与所述电光调制模块221连接，所述光信号汇总模块23可以通过所述光纤与所述声光调制模块222连接。如此，可以为下一步光信号发射准备强度达标的信息源。

本申请实施例提供的基于自然光的通信装置，可以将自然光收集起来并通过电光调制和/或声光调制方式对光信号进行处理,然后将携带信息后的光信号发出,从而实现绿色节能的远距离大功率光通信。

图 5-11 为本申请实施例提供的一种基于自然光的通信装置中光信号发射组件的结构示意图。如图 5-11 所示,所述光信号发射组件 3 可以包括:信号收发控制模块 31 和信号发射模块 32;所述信号收发控制模块 31 可以与所述信号发射模块 32 连接。其中,所述信号收发控制模块 43 可以控制光信号发射的通断。所述信号发射模块 44 最终可以将光信号高质量发射出去,等待被外界设备接收从而实现通信。在本申请的实施例中,所述光信号汇总模块 23 可以与所述信号收发控制模块 31 连接,从而可以将调制好的光信号准备发射。

图 5-12 为本申请实施例提供的一种基于自然光的通信装置的结构示意图。如图 5-12 所示,所述通信装置还可以包括显示组件 4。所述显示组件 4 可以包括:液晶显示模块 41 和总体控制模块 42,所述液晶显示模块 41 可以与所述总体控制模块 42 连接,所述总体控制模块 42 可以与所述信号收发控制模块 31 电连接。其中,所述液晶显示模块 41 可以为触屏控制,方便用户的使用,此外也可以配备对应软件。所述总体控制模块 42 可以是整个通信装置的运算控制中心,可以对整个通信装置实现控制,并将内部多个过程实行封装,各项功能的操作可以在所述液晶显示模块 41 上进行提示并由通信人员自行设置。

在本申请的实施例中,所述信号收发控制模块 31 可以与所述光信号处理模块 21 连接,以接收所述光信号处理模块 21 传输的携带所述目标信息的所述目标光信号;所述信号收发控制模块 31 可以用于向所述总体控制模块 42 发送所述目标光信号;所述总体控制模块 42 可以用于接收所述目标光信号,对所述目标光信号进行处理,得到所述目标信息,向所述液晶显示模块 41 传输所述目标信息;所述液晶显示模块 41 可以用于显示所述目标信息。如此,用户可以通过显示组件接收到外界设备发来的光信号携带的信息,从而便于通信装置中光信号的接收。

另外,在本申请的实施例中,在所述通信装置发射光信号的情况下,用户可以通过所述液晶显示模块 41 输入所述指定光信号所需携带的所述指定信息,并向所述总体控制模块 42 传输,所述总体控制模块 42 再将所述指定信息编码成二进制信息向所述信号收发控制模块 31 传输,然后所述信号收发控制模块 31 将二进制的所述指定信息向所述光信号处理模块 21 传输。此时,所述光信号处理模块 21 可以所述自然光调制模块 22 传输所述指定信息,最后所述自然光调制模块 22 可以将所述指定信息调制到所述指定光信号中用于后续发射。如此,用户可以通过显示组件输入发射光信号所需携带的信息,从而便于通信装置中光信号的发射。

为了便于理解,在此举例说明。

例如,用户可以通过所述液晶显示模块 41 输入需要发送的信号与指令,即指定光信号所需携带的指定信息,通过所述总体控制模块 42 和所述信号收发控制模块31处理后向所述光信号处理模块21传递,然后再在所述自然光调制模块22中进行调制,从而使得发射的光信号携带信息。

本申请实施例提供的基于自然光的通信装置,可以通过将自然光收集起来并进行处理,然后将携带信息后的光信号通过光信号发射装置发射出去;可以通过接收外界设备发来的携带目标信息的目标光信号并处理,实现光信号的接收,从而实现绿色节能的远距离大功率光通信。

图5-13为本申请实施例提供的一种基于自然光的通信装置的结构示意图,如图5-13所示,本申请实施例中提供的基于自然光的通信装置可以为图5-8的具体装置的结构示意图。如图5-13所示,所述通信装置可以包括:光收集组件1、光信号处理组件2、光信号发射组件3、显示组件4、转轴5以及传输管6。其中,所述光收集组件1可以通过所述转轴5与所述传输管6的一端相连接,所述传输管6的另一端与所述光信号处理组件2相连接。可选地,在本申请的一个实施例中,如图5-13所示,所述传输管6中可以包括光纤和电线,从而既可以进行光信号传输又可以通过电路为各个部件供能。需了解的是,所述传输管6的材质可以根据实际应用情况进行选择,在此不做限定。

为了便于理解,在此举例说明。

例如,用户在野外应急场景下,光信号发射组件3和显示组件4的体积较小,用户可以手持光信号发射组件3和显示组件4,光信号发射组件3可以通过传输管6与光信号处理组件2相连接,光信号处理组件2可以再通过传输管6与光收集组件1相连接。此时,光收集组件1和光信号处理组件2均可以背在用户的背上,光收集组件1可以通过转动转轴5朝向太阳光强度大的地方,从而实现绿色节能并且便携的远距离光通信。

本申请实施例提供的基于自然光的通信装置,可以通过将自然光收集起来并进行处理,然后将携带信息后的光信号发射出去,从而实现绿色节能的远距离大功率光通信。

本申请实施例还提供的一种基于自然光的通信方法,可以应用于本申请实施例提供的基于自然光的通信装置,本申请实施例提供的基于自然光的通信方法可由所述基于自然光的通信装置中的各个部件执行。

图5-14为本申请实施例提供的一种基于自然光的通信方法的流程图。所述通信方法可以包括:

(1)步骤710,所述光收集组件收集自然光,并向所述光信号处理组件传输收集的自然光。

(2)步骤720,所述光信号处理组件接收所述光收集组件传输的自然光,对接收到的自然光进行处理,得到携带指定信息的指定光信号,向所述光信号发射组件传输所述指定光信号。其中,所述携带指定信息的指定光信号可以为自然光经过所述光信号处理组件处理之后得到的光信号;所述指定信息可以为用户向外发射光信号所需传递的信息。

(3)步骤730,所述光信号发射组件接收来自所述光信号处理组件的所述指定光信号,并向外发射所述指定光信号。

在本申请实施例中,在正常情况下,自然光是可以直接先在所述自然光汇聚模块上汇聚,然后汇聚的一部分自然光可以用于光能转化为电能,为整个通信装置供电,另一部分自然光可以由所述自然光汇聚模块向所述光信号处理模块发送,从而进行下一步发射光信号的操作。

本申请实施例提供的基于自然光的通信方法,可以通过将自然光收集起来取代现有的人造光源光通信,并对收集的自然光进行处理,然后将携带信息后的光信号发射出去,从而实现绿色节能的远距离光通信。

可选地,在本申请的一个实施例中,所述通信方法还可以包括:所述光收集组件收集携带目标信息的目标光信号,并向所述光信号处理组件传输所述目标光信号;所述光信号处理组件接收所述目标光信号,并向所述光信号发射组件传输所述目标光信号;在所述通信装置还包括所述显示组件的情况下,所述光信号发射组件接收所述目标光信号,并向所述显示组件传输所述目标光信号;所述显示组件接收所述目标光信号,并对所述目标光信号进行处理,得到所述目标信息,并显示所述目标信息。其中,向所述光信号处理组件传输的所述目标光信号可以为所述光信号检测模块接收到外界设备发来的携带有目标信息的光信号。所述目标信息可以为外界设备主动发送来的通信消息,也可以为外界设备针对接收到本通信装置发送的消息进行回复的信息。如此,可以通过接收外界设备发来的携带目标信息的目标光信号并处理,实现光信号的接收,从而实现绿色节能的远距离光通信。

下面结合实际的应用场景以及图5-12和图5-13,对本申请实施例提供的基于自然光的通信方法的具体实施方式进行进一步地详细介绍。

例如,用户在野外应急场景下,可以手持光信号发射组件3和显示组件4,将光收集组件1和光信号处理组件2背在背上,然后根据日照的方向可以转动转轴5来调整光收集组件1的朝向,使得自然光的受光面积更大。在发射光信号的情况下,用户可以通过液晶显示模块41输入需要发射的光信号中携带的信息,经由总体控制模块42转换为二进制数据向信号收发控制模块31传递,再向光信号处理模块21传递。此时,光信号处理模块21可以接收到来自自然光汇聚模块11的光信号,光信号处理模块21可以将光信号以及光信号中需要携带的信息向自然光调制模块22传递,然后通过自然光调制模块22进行调制光信号,得到携带指定信息的指定光信号,并继续依次通过光信号汇总模块23、信号收发控制模块31和信号发射模块32发射携带指定信息的指定光信号。在接收光信号的情况下,可以直接由光信号检测模块14接收并检测光信号,并向光信号处理模块21传递检测到的光信号,光信号处理模块21可以用于处理接收到的光信号的信息,并经由信号收发控制模块31向总体控制模块42传递处理好的光信号的信息。此时,总体控制模块42可以将光信号的二进制信息解码后向液晶显示模块41上显示光信号的信息,用户即可接收到外界发送的光信号的具体信息。

所述应用于本申请实施例提供的基于自然光的通信装置的通信方法,可以通过将自然光收集起来并进行处理,然后将携带信息后的光信号通过光信号发射装置发射出去;可以通过接收外界设备发来的携带目标信息的目标光信号并处理,实现光信号的接收,从而实现绿色节能的远距离大功率光通信。

需要了解的是,上文描述的基于自然光的通信方法可应用于本申请实施例提供的基于自然光的通信装置。

本领域内的技术人员应明白,本发明的实施例可提供为方法、系统、或计算机程序产品。因此,本发明可采用完全硬件实施例、完全软件实施例、或结合软件和硬件方面的实施例的形式。而且,本发明可采用在一个或多个其中包含有计算机可用程序代码的计算机可用存储介质(包括但不限于磁盘存储器、CD-ROM、光学存储器等)上实施的计算机程序产品的形式。

本发明是参照根据本发明实施例的方法、设备(系统)和计算机程序产品的流程图和/或方框图来描述的。应理解可由计算机程序指令实现流程图和/或方框图中的每一流程和/或方框以及流程图和/或方框图中的流程和/或方框的结合。可提供这些计算机程序指令到通用计算机、专用计算机、嵌入式处理机或其他可编程数据处理设备的处理器以产生一个机器,使得通过计算机或其他可编程数据处理设备的处理器执行的指令产生用于实现在流程图一个流程或多个流程和/或方框图一个方框或多个方框中指定的功能的装置。

这些计算机程序指令也可存储在能引导计算机或其他可编程数据处理设备以特定方式工作的计算机可读存储器中,使得存储在该计算机可读存储器中的指令产生包括指令装置的制造品,该指令装置实现在流程图一个流程或多个流程和/或方框图一个方框或多个方框中指定的功能。

这些计算机程序指令也可装载到计算机或其他可编程数据处理设备上,使得在计算机或其他可编程设备上执行一系列操作步骤以产生计算机实现的处理,从而在计算机或其他可编程设备上执行的指令提供用于实现在流程图一个流程或多个流程和/或方框图一个方框或多个方框中指定的功能的步骤。

在一个典型的配置中,计算设备包括一个或多个处理器(CPU)、输入/输出接口、网络接口和内存。

内存可能包括计算机可读介质中的非永久性存储器,随机存取存储器(RAM)和/或非易失性内存等形式,如只读存储器(ROM)或闪存(Flash RAM)。内存是计算机可读介质的示例。

计算机可读介质包括永久性和非永久性、可移动和非可移动媒体可以由任何方法或技术来实现信息存储。信息可以是计算机可读指令、数据结构、程序的模块或其他数据。计算机的存储介质的例子包括,但不限于相变内存(PRAM)、静态随机存取存储器(SRAM)、动态随机存取存储器(DRAM)、其他类型的随机存取存储器(RAM)、只读存储器(ROM)、电可擦除可编程只读存储器(EEPROM)、快闪记忆体或其他内存技术、只读光盘只读存储器(CD-ROM)、数字多功能光盘(DVD)或其他光学存储、磁盒式磁带、磁带磁磁盘存储或其他磁性存储设备或任何其他非传输介质,可用于存储可以被计算设备访问的信息。按照本文中的界定,计算机可读介质不包括暂存电脑可读媒体(transitory media),如调制的数据信号和载波。

还需要说明的是,术语"包括"、"包含"或者其任何其他变体意在涵盖非排他性的包含,从而使得包括一系列要素的过程、方法、商品或者设备不仅包括那些要素,而且还包括没有明确列出的其他要素,或者是还包括为这种过程、方法、商品或者设备所固有的要素。在没有更多限制的情况下,由语句"包括一个……"限定的要素,并不排除在包括所述要素的过程、方法、商品或者设备中还存在另外的相同要素。

本领域技术人员应明白,本申请的实施例可提供为方法、系统或计算机程序产品。因此,本申请可采用完全硬件实施例、完全软件实施例或结合软件和硬件方面的实施例的形式。而且,本申请可采用在一个或多个其中包含有计算机可用程序代码的计算机可用存储介质(包括但不限于磁盘存储器、CD-ROM、光学存储器等)上实施的计算机程序产品的形式。

以上所述仅为本申请的实施例而已,并不用于限制本申请。对于本领域技术人员来说,本申请可以有各种更改和变化。凡在本申请的精神和原理之内所作的任何修改、等同替换、改进等,均应包含在本申请的权利要求范围之内。

5.3 波形设计方法及译码方法、装置、设备和光通信系统

5.3.1 技术领域

本申请涉及光通信技术领域,尤其涉及一种光通信的波形设计方法、译码方法、波形发生装置、译码器、电子设备和光通信系统。

5.3.2 背景技术

在光通信中,目前常用的波形发送及检测方案,是在发送端采用直接强度调制,即发送0时不发光,发送1时发光,也称为通断键控(on-off keying,OOK)调制,

在接收端采用两种检测方法:一种是利用光敏器件检测波形,然后解调从中提取出发送的信息;另一种是检测到达的光子数,从中提取出发送的信息。其中,后者往往具有更高的检测灵敏度,在接收端通常需要光子检测及计数装置,例如单光子雪崩二极管(Single Photon Avalanche Diode,SPAD)等。

通常可以认为达到接收端的光子数(含检测器件的暗记数)服从均值不同的泊松分布,即当发送端发光时到达接收端的光子数 K 服从均值为 $\lambda_1 T_c$ 的泊松分布,当发送端不发光时到达接收端的光子数 K 服从均值为 $\lambda_0 T_c$ 的泊松分布,其中, $\lambda_1 > \lambda_0$, λ_1 为发送端发光时到达接收端的光子速率, λ_0 为发送端不发光时出现在接收端的光子速率, T_c 为码元持续时间,即码元周期。因此可以采用最大似然译码对接收到的光子检测计数序列进行译码。

光子检测计数序列的似然函数的推导包括两个步骤:步骤一,确定单码元的对数似然比;步骤二,根据单码元的对数似然比,利用无记忆信道的特性,得出序列的似然函数。其中,无论是确定单码元的对数似然比,还是得出序列的似然函数,都需要进行信道参数 λ_0 和 λ_1 的估计。一般情况下,进行信道参数的估计需要发送已知的训练序列,利用求均值的方法估计信道参数。然而,这样存在两个问题:①训练序列的添加会造成通信效率的损失,特别是在信道时变性较高的场景下,需要频繁地加入训练序列,以跟踪信道的变化,确保信息检测的质量;②由于训练序列的长度有限,以及检测器件存在噪声等非理想特性,信道参数估计的误差是不可避免的,信道参数估计的误差会降低信息检测的质量。

5.3.3 发明内容

本申请实施例的目的是提供一种波形设计方法、译码方法、波形发生装置、译码器、电子设备和光通信系统,可以无需信道估计即可进行序列最大似然译码,简化最大似然译码复杂度,提高通信效率,无信道参数估计误差,提高信息检测的质量。

为了解决上述技术问题,本申请实施例是这样实现的。

第一方面,本申请实施例提供了一种波形设计方法,包括:

(1)根据光通信波形中信息位分组的长度,确定所述光通信波形发送序列的长度和重量。

(2)根据所述光通信波形中信息位分组的长度、所述光通信波形发送序列的长度和重量,构造所述光通信波形的发送序列集合,使所述发送序列集合中发送序列的重量均相同。

第二方面,本申请实施例提供了一种译码方法,包括:

(1)获取光通信波形的光子检测计数序列。

(2)根据所述光子检测计数序列和所述光通信波形的发送序列集合,通过似然函数得到发送序列对应的似然函数值。其中,所述发送序列集合中发送序列的重量均相同,所述似然函数是基于所述发送序列集合中发送序列的重量均相同进行简化处理得到。

(3)从所述似然函数值中选取最大值,根据所述最大值在所述似然函数值中的位置序号,在信息序列集合中确定对应的信息序列作为译码的结果。其中,所述信息序列集合中的信息序列与所述发送序列集合中的发送序列一一对应。

第三方面,本申请实施例提供了一种波形发生装置,包括:

(1)参数确定模块,用于根据光通信波形中信息位分组的长度,确定所述光通信波形发送序列的长度和重量。

(2)序列生成模块,用于根据所述光通信波形中信息位分组的长度、所述光通信波形发送序列的长度和重量,构造所述光通信波形的发送序列集合,使所述发送序列集合中发送序列的重量均相同。

第四方面,本申请实施例提供了一种译码器,包括:

(1)检测模块,用于获取光通信波形的光子检测计数序列。

(2)计算模块,用于根据所述光子检测计数序列和所述光通信波形的发送序列集合,通过似然函数得到发送序列对应的似然函数值。其中,所述发送序列集合中发送序列的重量均相同,所述似然函数是基于所述发送序列集合中发送序列的重量均相同进行简化处理得到。

(3)处理模块,用于从所述似然函数值中选取最大值,根据所述最大值在所述似然函数值中的位置序号,在信息序列集合中确定对应的信息序列作为译码的结果。其中,所述信息序列集合中的信息序列与所述发送序列集合中的发送序列一一对应。

第五方面,本申请实施例提供了一种电子设备,包括处理器、通信接口、存储器和通信总线。其中,所述处理器、所述通信接口以及所述存储器通过总线完成相互间的通信;所述存储器,用于存放计算机程序;所述处理器,用于执行所述存储器上所存放的程序,实现如第一方面所述的波形设计方法。

第六方面,本申请实施例提供了一种电子设备,包括处理器、通信接口、存储器和通信总线。其中,所述处理器、所述通信接口以及所述存储器通过总线完成相互间的通信;所述存储器,用于存放计算机程序;所述处理器,用于执行所述存储器上所存放的程序,实现如第二方面所述的译码方法。

第七方面,本申请实施例提供了一种光通信系统,包括:如第三方面所述的波形发生装置和如第四方面所述的译码器;或者如第五方面和第六方面所述的电子设备。

本申请实施例提供的波形设计方法、译码方法、波形发生装置、译码器、电子设备和光通信系统,通过根据光通信波形中信息位分组的长度,确定光通信波形发送序列的长度和重量,根据光通信波形中信息位分组的长度、光通信波形发送序列的长度和重量,构造光通信波形的发送序列集合,使发送序列集合中发送序列的重量均相同;本申请实施例可以获得恒重的光通信发送序列,从而可以利用光通信发送序列为恒重序列的特点,对光子检测计数序列的似然函数进行简化处理,得到忽略信道参数的影响而不影响最大似然译码结果的似然函数,采用该似然函数进行译码,无需进行信道参数的估计,因此无需加入训练序列,可以降低发送端设备的复杂度,提高通信效率,无信道参数估计的误差,提高信息检测的质量。由于采用该似然函数进行译码,无需跟踪信道的时变性,因此特别适用于远距离光通信、飞行器间通信及水下光通信等光信号微弱的通信场景。

5.3.4 附图说明

为了更清楚地说明本申请实施例或现有技术中的技术方案,下面将对实施例或现有技术描述中所需要使用的附图作简单地介绍。显而易见地,下面描述中的附图仅仅是本申请中记载的一些实施例,对于本领域普通技术人员来讲,在不付出创造性劳动性的前提下,还可以根据这些附图获得其他附图。

图 5-15 为本申请实施例的译码方法的一种实现方式的流程示意图;

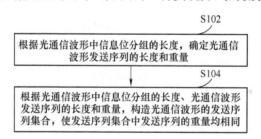

图 5-15 译码方法的一种实现方式的流程示意图

图 5-16 为光子检测器在某一个码元内输出的脉冲的示意图;

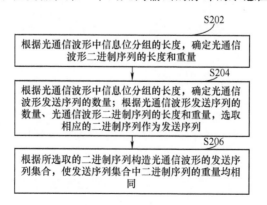

图 5-16 光子检测器在某一个码元内输出的脉冲示意图

图 5-17 为两个相邻脉冲之间的时间划分的示意图；

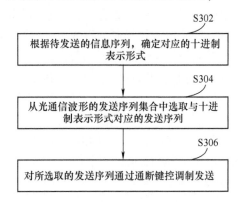

图 5-17 两个相邻脉冲之间的时间划分示意图

图 5-18 为本申请实施例的波形设计方法的一种实现方式的流程示意图；

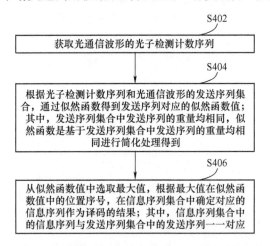

图 5-18 波形设计方法的一种实现方式流程示意图

图 5-19 为本申请实施例发送序列为二进制序列的波形设计方法的流程示意图；

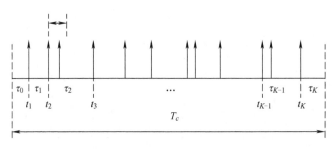

图 5-19 发送序列为二进制序列的波形设计方法的流程示意图

100

图 5-20 为本申请实施例的信号发送方法的一种实现方式的流程示意图;

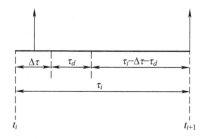

图 5-20　信号发送方法的一种实现方式的流程示意图

图 5-21 为本申请实施例的译码器的一种实现方式的组成结构示意图;

图 5-21　译码器的一种实现方式的组成结构示意图

图 5-22 为本申请实施例的波形发生装置的一种实现方式的组成结构示意图。

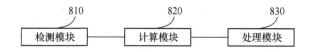

图 5-22　波形发生装置的一种实现方式的组成结构示意图

5.3.5　具体实施方式

为了使本技术领域的人员更好地理解本申请中的技术方案,下面将结合本申请实施例中的附图,对本申请实施例中的技术方案进行清楚、完整地描述。显然,所描述的实施例仅仅是本申请一部分实施例,而不是全部的实施例。基于本申请中的实施例,本领域普通技术人员在没有作出创造性劳动前提下所获得的所有其他实施例,都应当属于本申请保护的范围。

图 5-15 为本申请实施例的波形设计方法的一种实现方式的流程示意图,图 5-15 中的波形设计方法可以由波形发生装置作为执行主体执行,该波形发生装置可以设置于光通信系统的发送端,如图 5-15 所示,该方法至少包括:

（1）S102,根据光通信波形中信息位分组的长度,确定光通信波形发送序列的长度和重量。

在本申请实施例中,光通信波形中信息位分组的长度表征每个光通信波形序列携带信息量的比特数,例如光通信波形中信息位分组的长度为 m,则表征每个光通信波形序列携带 m 比特的信息。光通信波形发送序列的长度表征作为发送序列的每个光通信波形序列的长度,例如光通信波形发送序列的长度为 N,则表征作为发送序列的每个光通信波形序列的长度为 N。光通信波形发送序列的重量表征作为发送序列的每个光通信波形序列的重量,例如光通信波形发送序列的重量为 W,则表征作为发送序列的每个光通信波形序列的重量为 N。可以根据信息发送的需求设定光通信波形中信息位分组的长度,根据光通信波形中信息位分组的长度作为限定条件,确定光通信波形发送序列的长度和重量,例如光通信波形发送序列的长度 $N>$ 光通信波形中信息位分组的长度 m,光通信波形中信息位分组的长度 $m \geqslant$ 光通信波形发送序列的重量 W。本申请实施例对光通信波形中信息位分组的长度、光通信波形发送序列的长度和重量的取值不作限定。

(2)S104,根据光通信波形中信息位分组的长度、光通信波形发送序列的长度和重量,构造光通信波形的发送序列集合,使发送序列集合中发送序列的重量均相同。

在本申请实施例中,可以根据光通信波形中信息位分组的长度,确定光通信波形发送序列集合中发送序列的数量,然后根据发送序列集合中发送序列的数量、光通信波形发送序列的长度和重量,构造光通信波形的发送序列集合,使发送序列集合中发送序列的重量均相同,并且使发送序列集合中的发送序列与信息序列集合中的信息序列一一对应,其中信息序列集合中的信息序列是根据信息位分组的长度确定的,例如光通信波形中信息位分组的长度为 m,则信息序列集合中包含 2^m 个信息序列。可选地,可以通过映射对照表,确定发送序列集合中的发送序列与信息序列集合中的信息序列的一一对应关系;或者,可以通过函数关系,确定发送序列集合中的发送序列与信息序列集合中的信息序列的一一对应关系;本申请实施例对确定发送序列集合中的发送序列与信息序列集合中的信息序列的一一对应关系的实现方式不作限定。

本申请实施例提供的波形设计方法,通过根据光通信波形中信息位分组的长度,确定光通信波形发送序列的长度和重量,根据光通信波形中信息位分组的长度、光通信波形发送序列的长度和重量,构造光通信波形的发送序列集合,使发送序列集合中发送序列的重量均相同;本申请实施例可以获得恒重的光通信发送序列,从而可以利用光通信发送序列为恒重序列的特点,对光子检测计数序列的似然函数进行简化处理,得到忽略信道参数的影响而不影响最大似然译码结果的似然函数,采用该似然函数进行译码,无需进行信道参数的估计,因此无需加入训练序列,可以降低发送端设备的复杂度,提高通信效率,无信道参数估计的误差,提高信息检测的质量。由于采用该似然函数进行译码,无需跟踪信道的时变性,因此特别适用于远距离光通信、飞行器间通信及水下光通信等光信号微弱的通信场景。

在一些可选的例子中,光通信波形的发送序列为二进制序列,如图 5-16 所示。图 5-16 为本申请实施例发送序列为二进制序列的波形设计方法的流程示意图,其中,该波形设计方法至少包括:

(1) S202,根据光通信波形中信息位分组的长度,确定光通信波形二进制序列的长度和重量。

(2) S204,根据光通信波形中信息位分组的长度,确定光通信波形发送序列的数量;根据光通信波形发送序列的数量、光通信波形二进制序列的长度和重量,选取相应的二进制序列作为发送序列。

(3) S206,根据所选取的二进制序列构造光通信波形的发送序列集合,使发送序列集合中二进制序列的重量均相同。

在本申请实施例中,当光通信波形中信息位分组的长度为 m 时,光通信波形二进制发送序列的长度为 N,光通信波形二进制发送序列的重量为 W,其中 $N>m \geq W>0$,W 为每个发送序列中 1 的个数。为了使得每个长度为 N 的二进制发送序列携带 m 比特的信息,可以确定光通信波形发送序列集合需要包含 2^m 个发送序列。可以从 2^N 个长度为 N 的二进制序列中选取 2^m 个重量为 W 的二进制序列作为发送序列,构成发送序列集合,其中发送序列集合中的每个发送序列与一个 m 比特的信息序列一一对应。

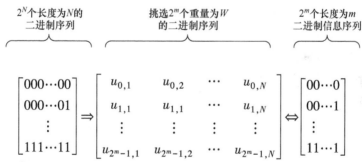

光通信波形中信息位分组的长度 m、光通信波形二进制序列的长度 N 和重量 W 可以满足 $C_N^W \geq 2^m$。

当供选择的二进制序列的数目大于 2^m 时,发送序列集合的构造可能会存在多种选择。为了提高通信效率,降低发射功率,提高通信性能,发送序列的选择可以但不必要综合考虑以下条件:

(1) 在光通信波形中信息位分组的长度 m 固定的条件下,光通信波形二进制序列的长度 N 尽可能小;

(2) 光通信波形二进制序列的重量 W 为 $[N/2]$,其中 $[N/2]$ 为对 $N/2$ 取整数;

(3) 发送序列集合中发送序列之间的汉明距离尽可能大;

(4) 光通信波形二进制序列的重量 W 尽可能小。

光通信波形中信息位分组的长度 m、光通信波形二进制序列的长度 N 和重量 W 可以满足以上条件中的一条或多条。

为后续译码方便可以将发送序列集合构成一个矩阵 U，使矩阵中的每一行为一个长度为 N 的发送序列，当选择矩阵 U 中的第 j 行序列发送时，其携带的信息可以为第 j 行对应的二进制表示，$j=0,1,\cdots,2^m-1$。矩阵形式为

$$U = \begin{bmatrix} u_{0,1} & u_{0,2} & \cdots & u_{0,N} \\ u_{1,1} & u_{1,1} & \cdots & u_{1,N} \\ \vdots & \vdots & \vdots & \vdots \\ u_{2^m-1,1} & u_{2^m-1,2} & \cdots & u_{2^m-1,N} \end{bmatrix}$$

在本申请实施例中，在获得发送序列集合后，为了保证通信的正常实施，通信的收发双方必须都预先知道该发送序列集合。

对应上述描述的波形设计方法，基于相同的技术构思，本申请实施例还提供了一种信号发送方法，图 5-17 为本申请实施例的信号发送方法的一种实现方式的流程示意图。图 5-17 中的信号发送方法可以由信号发送装置作为执行主体执行，该信号发送装置可以设置于光通信系统的发送端。如图 5-17 所示，该信号发送方法至少包括：

(1) S302，根据待发送的信息序列，确定对应的十进制表示形式。

(2) S304，从光通信波形的发送序列集合中选取与十进制表示形式对应的发送序列。

(3) S306，对所选取的发送序列通过通断键控调制发送。

在本申请实施例中，光通信波形中信息位分组的长度为 m，当需要发送的二进制形式的信息序列 $\boldsymbol{b} = [b_{m-1}b_{m-2}\cdots b_1 b_0]$ 时，将其转化为对应的十进制表示形式 d，即

$$d = [b_{m-1}b_{m-2}\cdots b_1 b_0] \begin{bmatrix} 2^{m-1} \\ 2^{m-2} \\ \vdots \\ 2^0 \end{bmatrix} \tag{5-1}$$

然后根据该对应的十进制表示形式 d 选取矩阵 U 中第 d 行作为发送序列。在发送端采用 OOK 调制方式将所选取的发送序列通过光发射装置发送。

对应上述描述的波形设计方法，基于相同的技术构思，本申请实施例还提供了一种译码方法，图 5-18 为本申请实施例的译码方法的一种实现方式的流程示意图。图 5-18 中的译码方法可以由译码器作为执行主体执行，该译码器可以设置于光通信通信的接收端。如图 5-18 所示，该译码方法至少包括：

(1) S402，获取光通信波形的光子检测计数序列。

在本申请实施例中,光子检测计数序列可以是对到达接收端设备的光子进行检测和计数获得的序列。可选地,可以通过光子检测及计数装置获取光通信波形的光子检测计数序列;或者,可以从光子检测及计数装置获取光通信波形的光子检测计数序列;例如光子检测及计数装置为单光子检测器等,本申请实施例对获取光通信波形的光子检测计数序列的实现方式不作限定。

(2) S404,根据光子检测计数序列和光通信波形的发送序列集合,通过似然函数得到发送序列对应的似然函数值。其中,发送序列集合中发送序列的重量均相同,似然函数是基于发送序列集合中发送序列的重量均相同进行简化处理得到。

在本申请实施例中,可以根据单码元的对数似然比,利用无记忆信道的特性,得到序列的似然函数,然后根据发送序列集合中发送序列的重量均相同,即发送序列为恒重序列,对似然函数进行简化处理,得到忽略信道参数影响的似然函数。根据光通信波形的光子检测计数序列和光通信波形的发送序列集合,通过忽略信道参数影响的似然函数确定似然函数值,可以使所得到的似然函数值与信道参数无关。本申请实施例对似然函数的实现形式不作限定。

(3) S406,从似然函数值中选取最大值,根据最大值在似然函数值中的位置序号,在信息序列集合中确定对应的信息序列作为译码的结果。其中,信息序列集合中的信息序列与发送序列集合中的发送序列一一对应。

在本申请实施例中,可以从所得到的似然函数值中选取最大值,确定最大值在所得到的似然函数值中的位置序号,然后根据所确定的位置序号,在与发送序列集合中的发送序列具有一一对应关系的信息序列集合中的信息序列中确定出对应的信息序列,作为译码的结果。

本申请实施例提供的译码方法,通过获取光通信波形的光子检测计数序列,根据光子检测计数序列和光通信波形的发送序列集合,通过似然函数得到发送序列对应的似然函数值,从似然函数值中选取最大值,根据最大值在似然函数值中的位置序号,在信息序列集合中确定对应的信息序列作为译码的结果;其中,发送序列集合中发送序列的重量均相同,似然函数是基于发送序列集合中发送序列的重量均相同进行简化处理得到,信息序列集合中的信息序列与发送序列集合中的发送序列一一对应;本申请实施例利用光通发送序列为恒重序列的特点,可以对光子检测计数序列的似然函数进行简化处理,从而得到可以忽略信道参数的影响而不影响最大似然译码结果的似然函数,采用该似然函数进行译码,无需进行信道参数的估计,因此无需加入训练序列,可以降低发送端设备的复杂度,提高通信效率,无信道参数估计的误差,提高信息检测的质量。由于本申请实施例的译码方法,无需跟踪信道的时变性,因此特别适用于远距离光通信、飞行器间通信及水下光通信等光信号微弱的通信场景。

在一些可选的例子中,基于发送序列集合中发送序列的重量均相同对序列的似然函数进行简化处理,得到的似然函数为光子检测计数序列与发送序列集合中的发送序列进行相关性运算的函数。此时,通过似然函数,对光子检测计数序列和发送序列集合中的发送序列进行相关性处理,得到的发送序列对应的似然函数值与信道参数无关。下面将对相关性运算的似然函数的推导进行详细说明。

在理想检测条件下,可以比较容易得出序列的似然函数。但是在工程实现中,实际器件的特性总是存在非理想特性。例如,单光子检测器存在"死时间",光子检测效率不为1。这些非理想特性导致接收端最终输出的光子数不再严格服从泊松分布,此时序列的似然函数的推导过程较为复杂。

在非理想检测条件下单码元的对数似然比:假定发送序列中每个码元持续时间为 T_c,即码元周期,检测器的"死时间"为 τ_d,光子检测效率为 η。接收端已经定时同步,即检测器知道每个码元的起始时间及结束时间。在一个码元周期 T_c 内的 $t_1, t_2, \cdots, t_K$ 时刻收到 K 个脉冲,记作事件 $E(K, T_c)$;两个脉冲之间的时间间隔分别为 τ_i。接收端光子到达的速率为 λ。如图 5-19 所示,图 5-19 为光子检测器在某一个码元内输出的脉冲的示意图,其中第 3 个脉冲、第 8 个脉冲和第 11 个脉冲由于"死时间"的存在而未被检测出。将两个相邻脉冲之间的时间划分为"脉冲发生时间" $\Delta\tau$、"死时间" τ_d 和其余部分 $\tau_i - \tau_d - \Delta\tau, i = 1, 2, \cdots, K$,其中 $\Delta\tau$ 为趋近于 0 的正数,如图 5-20 所示,图 5-20 为两个相邻脉冲之间的时间划分的示意图。

考虑"死时间"的影响,以速率 λ 到达的光子在时刻 t_i 有一个脉冲出现,且与下一个脉冲时间的间隔为 $\tau_i, i = 1, 2, \cdots, K$,这一随机事件可以分解为三个独立随机事件的积:

(1) 在时刻 t_i 为中点的极小时间 $\Delta\tau$ 内至少有一个光子到达并成功被检测记为事件 A 该事件的概率为

$$P(A/\lambda) = \sum_{i=1}^{\infty} \frac{(\lambda\Delta\tau)^i}{i!} \exp(-\lambda\Delta\tau) C_i^1 \eta (1-\eta)^{i-1} = \lambda\eta\Delta\tau\exp(-\lambda\eta\Delta\tau)$$

(5-2)

式中:$\sum_{i=1}^{\infty} \frac{(\lambda\Delta\tau)^i}{i!} \exp(-\lambda\Delta\tau)$ 为在 $\Delta\tau$ 内有 $i \geq 1$ 个光子到达的概率;$C_i^1 \eta (1-\eta)^{i-1}$ 为 i 个光子中有 1 个光子被检测并输出脉冲的概率。

(2) 在"死时间"内没有脉冲输出记为事件 B,显然该事件的概率为 1。

(3) 在 $\tau_i - \Delta\tau - \tau_d$ 内没有脉冲输出,记为事件 C,其概率为

$$\begin{aligned} P(C/\lambda) &= \sum_{i=0}^{\infty} \frac{(\lambda(\tau_i - \Delta\tau - \tau_d))^i}{i!} \exp(-\lambda(\tau_i - \Delta\tau - \tau_d))(1-\eta)^i \\ &= \exp(-\eta\lambda(\tau_i - \Delta\tau - \tau_d)) \end{aligned}$$

(5-3)

根据泊松过程的性质时间上不重复的事件之间是独立的,由此可以得到

$$P(A,B,C) = P(A)P(B)P(C)$$
$$= \lambda\eta\Delta\tau\exp(-\lambda\eta\Delta\tau)\exp(-\eta\lambda(\tau_i - \Delta\tau - \tau_d)) \quad (5\text{-}4)$$
$$= \lambda\eta\Delta\tau\exp(-\eta\lambda(\tau_i - \tau_d))$$

在以上分析了两个脉冲之间的时间间隔内出现一个脉冲的概率的基础上，对 τ_0 时段没有脉冲出现进行单独分析，与事件 C 的概率分析类似可以得到

$$P(\text{在 } \tau_0 \text{ 内无脉冲}/\lambda) = \exp(-\eta\lambda\tau_0) \quad (5\text{-}5)$$

同样，根据泊松随机过程的性质，在不重复时间段内出现的随机事件相互独立。因此 T_c 内在 $T = [t_1, t_2, \cdots, t_K]$ 时刻出现 K 个脉冲的概率为

$$P(E(K,T)/\lambda) = \exp(-\eta\lambda\tau_0)(\lambda\eta\Delta\tau)^K \prod_{i=1}^{K} \exp(-\eta\lambda(\tau_i - \tau_d)) \quad (5\text{-}6)$$
$$= (\lambda\eta\Delta\tau)^K \exp(-\eta\lambda(T_c - K\tau_d))$$

由于在式(5-6)中没有出现 $T = [t_1, t_2, \cdots, t_K]$，因此在 T_c 内出现 K 个脉冲的概率与 T 无关，可以得到在 T_c 内出现 K 个脉冲的概率正比于式(5-6)，即

$$P(K/\lambda) = \int_{T \in \Omega} P(E(K,T)/\lambda) f(T) \mathrm{d}T \quad (5\text{-}7)$$
$$= \alpha P(E(K,T)/\lambda) \propto P(E(K,T)/\lambda)$$

式中：$f(T)$ 为 T 的概率密度函数；Ω 为积分区域；α 为式(5-7)中积分获得的常数；$\propto$ 为正比于。因此利用 $P(E(K,T)/\lambda)$ 与利用在 T_c 内出现 K 个脉冲的概率 $P(K/\lambda)$ 计算单码元的对数似然比是等价的。

通过改变式(5-7)中的 λ 可以得到单码元的对数似然比，根据先前的假设码元为 0、1 时到达接收端的光子速率分别为 λ_0, λ_1 则以在 T_c 内在 $t_i(i=1,2,\cdots,K)$ 出现 K 个脉冲为条件，推测单码元为 1 和 0 的概率分别为 $P(u=1/K)$ 和 $P(u=0/K)$，可以得到计数值 K 为条件的单码元的对数似然比为

$$l_u = \log \frac{P(u=1/K)}{P(u=0/K)} = \log \frac{P(u=1)P(K/u=1)}{P(u=0)P(K/u=0)} \quad (5\text{-}8)$$

一般假设 $P(u=1) = P(u=0) = 1/2$，则有

$$l_u = \log \frac{P(K/u=1)}{P(K/u=0)} = \log \frac{(\lambda_1\eta\Delta\tau)^K \exp(-\eta\lambda_1(T_c - K\tau_d))}{(\lambda_0\eta\Delta\tau)^K \exp(-\eta\lambda_0(T_c - K\tau_d))}$$
$$= K\log \frac{(\lambda_1 \exp(\eta\lambda_1\tau_d))}{(\lambda_0 \exp(\eta\lambda_0\tau_d))} - \eta T_c(\lambda_1 - \lambda_0) \quad (5\text{-}9)$$

由式(5-9)可见，计算单码元的对数似然比必须估计 λ_0, λ_1 的值。当 $P(u=1) = P(u=0) = 1/2$ 时，不难得出

$$\begin{cases} P(u=1/K) = \dfrac{\exp(l)}{1+\exp(l)} \\ P(u=0/K) = \dfrac{1}{1+\exp(l)} \end{cases} \quad (5\text{-}10)$$

在非理想检测条件下序列的似然函数:假设信道参数 λ_0,λ_1 在发送序列期间不发生变化,这种假设在实际工作时是合理的。虽然存在多径,但大部分场景下光信道可以看作是一种无记忆信道。在无记忆信道下利用每个码元的对数似然比可得到序列的似然函数。在接收端已知每个码元周期内的脉冲数序列 $K = [k_0, k_1, \cdots, k_{N-1}]$。假定发送序列构成的集合 U 中第 j 个序列为 $U_j = [u_{j1}, u_{j2}, \cdots, u_{jN}]$,则序列的似然函数为

$$\begin{aligned} l_j &= \log P(K/U_j) = \log \frac{P(U_j/K)P(K)}{P(U_j)} \\ &= \sum_{i=0}^{N-1} \log P(u_{ji}/k_i) + \log \frac{P(K)}{P(U_j)} \\ &= \sum_{i=0}^{N-1} \log \frac{\exp(l_i)^{u_{ji}}}{1+\exp(l_i)} + \log \frac{P(K)}{P(U_j)} \\ &= \sum_{i=0}^{N-1} u_{ji} l_i - \sum_{i=0}^{N-1} \log(1+\exp(l_i)) + \log \frac{P(K)}{P(U_j)} \end{aligned} \quad (5\text{-}11)$$

假定发送的每个序列均等概率,即 $P(U_j)=1/\|U\|$ 为常数,其中 $\|U\|$ 为集合 U 中元素的个数,K 为已知的接收值,此时 $P(K)$ 为固定的已知值,对于每个序列 U_j,$\sum_{i=0}^{N-1} \log(1+\exp(l_i))$ 为固定值,则利用式(5-11)进行最大似然译码时可以忽略常数的影响,而不改变译码的结果,因此可将序列的似然函数改写为式(5-12),同时将式(5-9)代入,可以得到

$$\begin{aligned} l_j &= \sum_{i=0}^{N-1} u_{ji} l_i = \sum_{i=0}^{N-1} u_{ji} \left(k_i \log \frac{(\lambda_1 \exp(\eta \lambda_1 \tau_d))}{(\lambda_0 \exp(\eta \lambda_0 \tau_d))} - \eta T_c (\lambda_1 - \lambda_0) \right) \\ &= \log \frac{(\lambda_1 \exp(\eta \lambda_1 \tau_d))}{(\lambda_0 \exp(\eta \lambda_0 \tau_d))} \sum_{i=0}^{N-1} u_{ji} k_i - \eta T_c (\lambda_1 - \lambda_0) \sum_{i=0}^{N-1} u_{ji} \\ &= \log \frac{(\lambda_1 \exp(\eta \lambda_1 \tau_d))}{(\lambda_0 \exp(\eta \lambda_0 \tau_d))} \sum_{i=0}^{N-1} u_{ji} k_i - \eta T_c (\lambda_1 - \lambda_0) N_j^1 \end{aligned} \quad (5\text{-}12)$$

其中,当发送序列为二进制序列时,式(5-12)中的 $\sum_{i=0}^{N-1} u_{ji}$ 为序列 U_j 中 1 的个数记作 N_j^1。可见与确定单码元的对数似然比一样,利用式(5-12)进行最大似然译码同样需要进行信道参数 λ_0 和 λ_1 的估计,同时可以看到在式(5-12)中还需要进行两种相对复杂的非线性运算,即指数运算和对数运算。

利用恒重序列对序列的似然函数进行简化处理:可以将式(5-12)的序列的似然函数分为两个部分,分别记为 l_{jA}, l_{jB},即

$$\begin{cases} l_j = l_{jA} + l_{jB} \\ l_{jA} = \log \dfrac{(\lambda_1 \exp(\eta \lambda_1 \tau_d))}{(\lambda_0 \exp(\eta \lambda_0 \tau_d))} \sum_{i=0}^{N-1} u_i k_i \\ l_{jB} = -\eta T_c (\lambda_1 - \lambda_0) N_j^1 \end{cases} \quad (5\text{-}13)$$

其中,当 N_j^1 为常数时,l_{jB} 不会影响似然函数值之间的比较结果,即当发送序列为二进制序列时,若发送序列集合中每个序列包含 1 的个数相同,每个序列对应的 l_{jB} 为常数,此时可以将似然函数中的 l_{jB} 忽略。在忽略 l_{jB} 后,$\sum_{i=0}^{N-1} u_i k_i$ 前面的系数也不会影响似然函数值相互之间的大小关系,即不会影响最终译码的结果。假定集合 U 中包含 2^m 个序列,即每个序列携带 m 比特信息。当每个序列包含 1 的个数 $N_0^1 = N_1^1 = \cdots = N_{2^m-1}^1$ 时,即序列的汉明重量为常数,可以对式(5-12)的似然函数进行简化,得到式(5-14)作为似然函数,而不影响最大似然译码的结果。

$$l_j = \sum_{i=0}^{N-1} u_i k_i \quad (5\text{-}14)$$

式(5-14)可以看作是接收序列 $\boldsymbol{K} = [k_0, k_1, \cdots, k_{N-1}]$ 与发送序列 $\boldsymbol{U}_j = [u_{j1}, u_{j2}, \cdots, u_{jN}]$ 之间的相关性运算。可见利用式(5-14)中简单的相关性运算进行序列的最大似然译码,无需进行信道参数的估计,可以简化序列最大似然译码的处理,同时可以看到在式(5-14)中只包含整数的乘法运算和加法运算,不涉及较为复杂的指数运算和对数运算,可以降低接收端设备的复杂度。

在得到式(5-14)后,当接收端获取光子检测计数序列 $\boldsymbol{K} = [k_0, k_1, \cdots, k_{N-1}]$ 后,可以通过式(5-14)计算每个光子检测计数序列的似然函数值,共得到 2^m 个似然函数值。在实际操作中可以利用矩阵 $\boldsymbol{U}$ 与序列 $\boldsymbol{K}$ 的转置相乘得到 2^m 个似然函数值,有

$$\boldsymbol{L}_U = \boldsymbol{U} \boldsymbol{K}^\mathrm{T} \quad (5\text{-}15)$$

在 2^m 个似然函数值 L_U 中选取最大值,输出该最大值在似然函数值中的位置序号 j,$j \in \{0,1,\cdots,2^m-1\}$,将 j 的二进制表示形式作为译码的结果。

在一个可选的示例中,以光通信波形中信息位分组的长度 $m=3$ 比特为例,此时发送序列集合需要包含 $2^m=8$ 个序列。可以从光通信波形发送序列的长度 $N \geq 5$ 的二进制序列中选取 8 个汉明重量相同的序列作为发送序列。为了提高编码的效率,可以考虑选取长度为 5 的二进制序列作为发送序列,此时,重量为 2 的序列和重量为 3 的序列均为 10 个。为了降低发射功率,可考以虑选取重量为 2 的二进制序列作为发送序列。所有长度为 5 重量为 2 的二进制序列为

  11000 10100 01100 10010 01010
  00110 10001 01001 00101 00011

显然发送序列集合有 $C_{10}^8 = 45$ 种构造方法。其中一种发送序列集合为:[00011,00110,01001,01100,10010,10100,11000,10001],发送序列集合中的发送序列分别对应的信息序列集合中的信息序列为[000,001,010,011,100,101,110,111]。这种发送序列与信息序列的对应不是唯一的,只要是一一对应即可。上述发送序列集合构成的矩阵为

$$U = \begin{bmatrix} 0 & 0 & 0 & 1 & 1 \\ 0 & 0 & 1 & 1 & 0 \\ 0 & 1 & 0 & 0 & 1 \\ 0 & 1 & 1 & 0 & 0 \\ 1 & 0 & 0 & 1 & 0 \\ 1 & 0 & 1 & 0 & 0 \\ 1 & 1 & 0 & 0 & 0 \\ 1 & 0 & 0 & 0 & 1 \end{bmatrix}$$

若需要发送的二进制形式的信息序列 $b=[010]$,其对应的十进制表示形式 $d=2$,则选择矩阵 U 中的第 2 行 $[0\ 1\ 0\ 0\ 1]$ 作为发送序列,通过光发射装置发送。

若光子检测计数序列 $K = [k_0, k_1, k_2, k_3, k_4] = [3,15,4,6,20]$,根据式(5-13)计算所有发送序列对应的似然函数值,可以得到

$$L_U = \begin{bmatrix} 0 & 0 & 0 & 1 & 1 \\ 0 & 0 & 1 & 1 & 0 \\ 0 & 1 & 0 & 0 & 1 \\ 0 & 1 & 1 & 0 & 0 \\ 1 & 0 & 0 & 1 & 0 \\ 1 & 0 & 1 & 0 & 0 \\ 1 & 1 & 0 & 0 & 0 \\ 1 & 0 & 0 & 0 & 1 \end{bmatrix} \begin{bmatrix} 3 \\ 15 \\ 4 \\ 6 \\ 20 \end{bmatrix} = \begin{bmatrix} 26 \\ 10 \\ 35 \\ 19 \\ 9 \\ 7 \\ 18 \\ 23 \end{bmatrix}$$

从似然函数值中选取最大值35,根据最大值35在似然函数值中的位置序号2,在信息序列集合中确定对应的信息序列为"010",作为译码的结果。

对应上述描述的方法,基于相同的技术构思,本申请实施例还提供一种波形发生装置,该波形发生装置可以设置于光通信系统的发送端,图5-21为本申请实施例的波形发生装置的一种实现方式的组成结构示意图,该波形发生装置可用于执行图5-15描述的波形设计方法。如图5-21所示,该波形发生装置至少包括:参数确定模块710和序列生成模块720,其中,参数确定模块710和序列生成模块720连接。

(1)参数确定模块710,用于根据光通信波形中信息位分组的长度,确定光通信波形发送序列的长度和重量。

(2)序列生成模块720,用于根据光通信波形中信息位分组的长度、光通信波形发送序列的长度和重量,构造光通信波形的发送序列集合,使发送序列集合中发送序列的重量均相同。

在申请实施例中,关于参数确定模块710和序列生成模块720的说明可以参见图5-21中关于S702和S704的说明,故在此不再赘述。

本申请实施例提供的波形发生装置,通过根据光通信波形中信息位分组的长度,确定光通信波形发送序列的长度和重量,根据光通信波形中信息位分组的长度、光通信波形发送序列的长度和重量,构造光通信波形的发送序列集合,使发送序列集合中发送序列的重量均相同;本申请实施例可以获得恒重的光通信发送序列,从而可以利用光通信发送序列为恒重序列的特点,对光子检测计数序列的似然函数进行简化处理,得到忽略信道参数的影响而不影响最大似然译码结果的似然函数,采用该似然函数进行译码,无需进行信道参数的估计,因此无需加入训练序列,可以降低发送端设备的复杂度,提高通信效率,无信道参数估计的误差,提高信息检测的质量。由于采用该似然函数进行译码,无需跟踪信道的时变性,因此特别适用于远距离光通信、飞行器间通信及水下光通信等光信号微弱的通信场景。

可选地,在参数确定模块710中,光通信波形中信息位分组的长度 m、光通信波形发送序列的长度 N 和重量 W 满足 $C_N^W \geq 2^m$。

可选地,在参数确定模块710中,光通信波形中信息位分组的长度 m、光通信波形发送序列的长度 N 和重量 W 满足以下条件中的一条或多条:

(1)在光通信波形中信息位分组的长度 m 固定的条件下,光通信波形发送序列的长度 N 尽可能小;

(2)光通信波形发送序列的重量 W 为 $[N/2]$,其中 $[N/2]$ 为对 $N/2$ 取整数;

(3)发送序列集合中发送序列之间的汉明距离尽可能大;

(4)光通信波形发送序列的重量 W 尽可能小。

对应上述描述的方法,基于相同的技术构思,本申请实施例还提供一种译码器,该译码器可以设置于光通信系统的接收端,图5-22为本申请实施例的译码器的一种实现方式的组成结构示意图,该译码器可用于执行图5-18描述的译码方法。如图5-22所示,该译码器至少包括:检测模块810、计算模块820和处理模块830,其中,检测模块810、计算模块820和处理模块830依次连接。

(1) 检测模块810,用于获取光通信波形的光子检测计数序列。

(2) 计算模块820,用于根据光子检测计数序列和光通信波形的发送序列集合,通过似然函数得到发送序列对应的似然函数值;其中,发送序列集合中发送序列的重量均相同,似然函数是基于发送序列集合中发送序列的重量均相同进行简化处理得到。

(3) 处理模块830,用于从似然函数值中选取最大值,根据最大值在似然函数值中的位置序号,在信息序列集合中确定对应的信息序列作为译码的结果;其中,信息序列集合中的信息序列与发送序列集合中的发送序列一一对应。

在申请实施例中,关于检测模块810、计算模块820和处理模块830的说明可以参见图5-18中关于S402、S404和S406的说明,故在此不再赘述。

本申请实施例提供的译码器,通过获取光通信波形的光子检测计数序列,根据光子检测计数序列和光通信波形的发送序列集合,通过似然函数得到发送序列对应的似然函数值,从似然函数值中选取最大值,根据最大值在似然函数值中的位置序号,在信息序列集合中确定对应的信息序列作为译码的结果;其中,发送序列集合中发送序列的重量均相同,似然函数是基于发送序列集合中发送序列的重量均相同进行简化处理得到,信息序列集合中的信息序列与发送序列集合中的发送序列一一对应;本申请实施例利用光通发送序列为恒重序列的特点,可以对光子检测计数序列的似然函数进行简化处理,从而得到可以忽略信道参数的影响而不影响最大似然译码结果的似然函数,采用该似然函数进行译码,无需进行信道参数的估计,因此无需加入训练序列,可以降低发送端设备的复杂度,提高通信效率,无信道参数估计的误差,提高信息检测的质量。由于本申请实施例的译码方法,无需跟踪信道的时变性,因此特别适用于远距离光通信、飞行器间通信及水下光通信等光信号微弱的通信场景。

可选地,计算模块820,通过似然函数,对光子检测计数序列和发送序列集合中的发送序列进行相关性处理,得到发送序列对应的似然函数值。似然函数采用相关性处理,无需进行信道参数的估计,可以简化序列最大似然译码的处理,降低接收端设备的复杂度。

对应上述描述的方法,基于相同的技术构思,本申请实施例还提供一种电子设备,该电子设备包括处理器、通信接口、存储器和通信总线。其中,处理器、通信接口以及存储器通过总线完成相互间的通信;存储器,用于存放计算机程序;处理器,用于执行存储器上所存放的程序。实现方法如下:

（1）根据光通信波形中信息位分组的长度，确定光通信波形发送序列的长度和重量；

（2）根据光通信波形中信息位分组的长度、光通信波形发送序列的长度和重量，构造光通信波形的发送序列集合，使发送序列集合中发送序列的重量均相同。

本申请实施例提供的电子设备，通过根据光通信波形中信息位分组的长度，确定光通信波形发送序列的长度和重量，根据光通信波形中信息位分组的长度、光通信波形发送序列的长度和重量，构造光通信波形的发送序列集合，使发送序列集合中发送序列的重量均相同；本申请实施例可以获得恒重的光通信发送序列，从而可以利用光通信发送序列为恒重序列的特点，对光子检测计数序列的似然函数进行简化处理，得到忽略信道参数的影响而不影响最大似然译码结果的似然函数，采用该似然函数进行译码，无须进行信道参数的估计，因此无须加入训练序列，可以降低发送端设备的复杂度，提高通信效率，无信道参数估计的误差，提高信息检测的质量。由于采用该似然函数进行译码，无须跟踪信道的时变性，因此特别适用于远距离光通信、飞行器间通信及水下光通信等光信号微弱的通信场景。

对应上述描述的方法，基于相同的技术构思，本申请实施例还提供一种电子设备，该电子设备包括处理器、通信接口、存储器和通信总线。其中，处理器、通信接口以及存储器通过总线完成相互间的通信；存储器，用于存放计算机程序；处理器，用于执行存储器上所存放的程序。实现方法如下。

（1）获取光通信波形的光子检测计数序列；

（2）根据光子检测计数序列和光通信波形的发送序列集合，通过似然函数得到发送序列对应的似然函数值。其中，发送序列集合中发送序列的重量均相同，似然函数是基于发送序列集合中发送序列的重量均相同进行简化处理得到；

（3）从似然函数值中选取最大值，根据最大值在似然函数值中的位置序号，在信息序列集合中确定对应的信息序列作为译码的结果。其中，信息序列集合中的信息序列与发送序列集合中的发送序列一一对应。

本申请实施例提供的电子设备，通过获取光通信波形的光子检测计数序列，根据光子检测计数序列和光通信波形的发送序列集合，通过似然函数得到发送序列对应的似然函数值，从似然函数值中选取最大值，根据最大值在似然函数值中的位置序号，在信息序列集合中确定对应的信息序列作为译码的结果。其中，发送序列集合中发送序列的重量均相同，似然函数是基于发送序列集合中发送序列的重量均相同进行简化处理得到，信息序列集合中的信息序列与发送序列集合中的发送序列一一对应；本申请实施例利用光通发送序列为恒重序列的特点，可以对光子检测计数序列的似然函数进行简化处理，从而得到可以忽略信道参数的影响而不影响最大似然译码结果的似然函数，采用该似然函数进行译码，无须进行信道参数的估计，因此无须加入训练序列，可以降低发送端设备的复杂度，提高通信效率，无信道参数估计的误差,提高信息检测的质量。由于本申请实施例的译码方法,无须跟踪信道的时变性,因此特别适用于远距离光通信、飞行器间通信及水下光通信等光信号微弱的通信场景。

对应上述描述的方法,基于相同的技术构思,本申请实施例还提供一种光通信系统,该光通信系统可以包括如图 5-21 所示的波形发生装置和如图 5-22 所示的译码器,其中,波形发生装置设置于光通信系统的发送端,译码器设置于光通信系统的接收端。或者,该光通信系统可以包括:设置于光通信系统的发送端的用于执行图 5-15 描述的波形设计方法的电子设备,设置于光通信系统的接收端的用于执行图 5-18 描述的译码方法的电子设备。

本申请实施例提供的光通信系统,利用光通发送序列为恒重序列的特点,可以对光子检测计数序列的似然函数进行简化处理,从而得到可以忽略信道参数的影响而不影响最大似然译码结果的似然函数,采用该似然函数进行译码,无须进行信道参数的估计,因此无须加入训练序列,可以降低发送端设备的复杂度,提高通信效率,无信道参数估计的误差,提高信息检测的质量。由于本申请实施例的光通信系统,无须跟踪信道的时变性,因此特别适用于远距离光通信、飞行器间通信及水下光通信等光信号微弱的通信场景。

对应上述描述的方法,基于相同的技术构思,本申请实施例还提供一种计算机可读存储介质,存储介质内存储有计算机程序,计算机程序被处理器执行时实现以下方法:

(1)根据光通信波形中信息位分组的长度,确定光通信波形发送序列的长度和重量;

(2)根据光通信波形中信息位分组的长度、光通信波形发送序列的长度和重量,构造光通信波形的发送序列集合,使发送序列集合中发送序列的重量均相同。

本申请实施例提供的计算机可读存储介质,通过根据光通信波形中信息位分组的长度,确定光通信波形发送序列的长度和重量,根据光通信波形中信息位分组的长度、光通信波形发送序列的长度和重量,构造光通信波形的发送序列集合,使发送序列集合中发送序列的重量均相同;本申请实施例可以获得恒重的光通信发送序列,从而可以利用光通信发送序列为恒重序列的特点,对光子检测计数序列的似然函数进行简化处理,得到忽略信道参数的影响而不影响最大似然译码结果的似然函数,采用该似然函数进行译码,无须进行信道参数的估计,因此无须加入训练序列,可以降低发送端设备的复杂度,提高通信效率,无信道参数估计的误差,提高信息检测的质量。由于采用该似然函数进行译码,无须跟踪信道的时变性,因此特别适用于远距离光通信、飞行器间通信及水下光通信等光信号微弱的通信场景。

对应上述描述的方法,基于相同的技术构思,本申请实施例还提供一种计算机可读存储介质,存储介质内存储有计算机程序,计算机程序被处理器执行时实现以下方法：

（1）获取光通信波形的光子检测计数序列。

（2）根据光子检测计数序列和光通信波形的发送序列集合，通过似然函数得到发送序列对应的似然函数值。其中，发送序列集合中发送序列的重量均相同，似然函数是基于发送序列集合中发送序列的重量均相同进行简化处理得到。

（3）从似然函数值中选取最大值，根据最大值在似然函数值中的位置序号，在信息序列集合中确定对应的信息序列作为译码的结果。其中，信息序列集合中的信息序列与发送序列集合中的发送序列一一对应。

本申请实施例提供的计算机可读存储介质，通过获取光通信波形的光子检测计数序列，根据光子检测计数序列和光通信波形的发送序列集合，通过似然函数得到发送序列对应的似然函数值，从似然函数值中选取最大值，根据最大值在似然函数值中的位置序号，在信息序列集合中确定对应的信息序列作为译码的结果。其中，发送序列集合中发送序列的重量均相同，似然函数是基于发送序列集合中发送序列的重量均相同进行简化处理得到，信息序列集合中的信息序列与发送序列集合中的发送序列一一对应；本申请实施例利用光通发送序列为恒重序列的特点，可以对光子检测计数序列的似然函数进行简化处理，从而得到可以忽略信道参数的影响而不影响最大似然译码结果的似然函数，采用该似然函数进行译码，无须进行信道参数的估计，因此无须加入训练序列，可以降低发送端设备的复杂度，提高通信效率，无信道参数估计的误差，提高信息检测的质量。由于本申请实施例的译码方法，无须跟踪信道的时变性，因此特别适用于远距离光通信、飞行器间通信及水下光通信等光信号微弱的通信场景。

本领域内的技术人员应明白，本申请的实施例可提供为方法、系统或计算机程序产品。因此，本申请可采用完全硬件实施例、完全软件实施例或结合软件和硬件方面的实施例的形式。而且，本申请可采用在一个或多个其中包含有计算机可用程序代码的计算机可用存储介质（包括但不限于磁盘存储器、CD-ROM、光学存储器等）上实施的计算机程序产品的形式。

本申请是参照根据本申请实施例的方法、设备（系统）和计算机程序产品的流程图和/或方框图来描述的。应理解可由计算机程序指令实现流程图和/或方框图中的每一流程和/或方框，以及流程图和/或方框图中的流程和/或方框的结合。可提供这些计算机程序指令到通用计算机、专用计算机、嵌入式处理机或其他可编程数据处理设备的处理器以产生一个机器，使得通过计算机或其他可编程数据处理设备的处理器执行的指令产生用于实现在流程图一个流程或多个流程和/或方框图一个方框或多个方框中指定的功能的装置。

这些计算机程序指令也可存储在能引导计算机或其他可编程数据处理设备以特定方式工作的计算机可读存储器中，使得存储在该计算机可读存储器中的指令产生包括指令装置的制造品,该指令装置实现在流程图一个流程或多个流程和/或方框图一个方框或多个方框中指定的功能。

这些计算机程序指令也可装载到计算机或其他可编程数据处理设备上,使得在计算机或其他可编程设备上执行一系列操作步骤以产生计算机实现的处理,从而在计算机或其他可编程设备上执行的指令提供用于实现在流程图一个流程或多个流程和/或方框图一个方框或多个方框中指定的功能的步骤。

在一个典型的配置中,计算设备包括一个或多个处理器(CPU)、输入/输出接口、网络接口和内存。

内存可能包括计算机可读介质中的非永久性存储器,随机存取存储器(RAM)和/或非易失性内存等形式,如只读存储器(ROM)或闪存(Flash RAM)。内存是计算机可读介质的示例。

计算机可读介质包括永久性和非永久性、可移动和非可移动媒体可以由任何方法或技术来实现信息存储。信息可以是计算机可读指令、数据结构、程序的模块或其他数据。计算机的存储介质的例子包括,但不限于相变内存(PRAM)、静态随机存取存储器(SRAM)、动态随机存取存储器(DRAM)、其他类型的随机存取存储器(RAM)、只读存储器(ROM)、电可擦除可编程只读存储器(EEPROM)、快闪记忆体或其他内存技术、只读光盘只读存储器(CD-ROM)、数字多功能光盘(DVD)或其他光学存储、磁盒式磁带,磁带磁磁盘存储或其他磁性存储设备或任何其他非传输介质,可用于存储可以被计算设备访问的信息。按照本书中的界定,计算机可读介质不包括暂存电脑可读媒体(Transitory Media),如调制的数据信号和载波。

还需要说明的是,术语"包括""包含"或者其任何其他变体意在涵盖非排他性的包含,从而使得包括一系列要素的过程、方法、商品或者设备不仅包括那些要素,而且还包括没有明确列出的其他要素,或者是还包括为这种过程、方法、商品或者设备所固有的要素。在没有更多限制的情况下,由语句"包括一个……"限定的要素,并不排除在包括要素的过程、方法、商品或者设备中还存在另外的相同要素。

本领域技术人员应明白,本申请的实施例可提供为方法、系统或计算机程序产品。因此,本申请可采用完全硬件实施例、完全软件实施例或结合软件和硬件方面的实施例的形式。而且,本申请可采用在一个或多个其中包含有计算机可用程序代码的计算机可用存储介质(包括但不限于磁盘存储器、CD-ROM、光学存储器等)上实施的计算机程序产品的形式。

以上仅为本申请的实施例而已,并不用于限制本申请。对于本领域技术人员来说,本申请可以有各种更改和变化。凡在本申请的精神和原理之内所做的任何修改、等同替换、改进等,均应包含在本申请的权利要求范围之内。

第6章 位置服务

6.1 一种动作捕捉系统及方法

6.1.1 技术领域

本申请涉及动作捕捉技术领域,特别涉及一种动作捕捉系统及方法。

6.1.2 背景技术

随着科技的进步及生活水平的提高,越来越多的领域(如电影动作的捕捉、动画中人物动作的合成、人员训练以及消防员状态监测中)开始涉及动作捕捉技术,来确定对象的运动轨迹。

目前,一般采用机械式动作捕捉系统、声学式动作捕捉系统、电磁式运动捕捉系统等动作捕捉系统进行动作捕捉,但是大多数动作捕捉系统成本昂贵,维护成本也高。因此,如何提供一种成本较低,维护成本较低的动作捕捉系统成为问题。

6.1.3 发明内容

为解决上述技术问题,本申请实施例提供一种动作捕捉系统及方法,以达到提供一种成本较低且维护成本较低的动作捕捉系统的目的,技术方案如下。

一种动作捕捉系统,包括:摄像头、计算机和多个可见光光源。

(1)所述摄像头安装于动作捕捉对象的关节处,用于在所述关节运动过程中,对各个所述可见光光源进行拍摄,得到图像信息,并将所述图像信息发送至所述计算机。

(2)所述可见光光源,用于发射可见光。

(3)所述计算机,用于接收摄像头在关节运动过程中,对各个可见光光源进行拍摄得到的图像信息,及根据所述图像信息和可见光成像定位算法,确定所述摄像头在所述关节运动过程中的位置信息,及将所述摄像头在所述关节运动过程中的位置信息连接,得到所述摄像头的运动轨迹,作为所述关节的运动轨迹。

优选的,所述计算机根据所述图像信息和可见光成像定位算法,确定所述摄像头在所述关节运动过程中的位置信息的过程,具体包括:利用所述可见光成像定位算法,从所述图像信息中确定出所述摄像头与各个所述可见光光源之间的相对距离和相对角度;根据所述摄像头与各个所述可见光光源之间的相对距离和相对角度,确定所述摄像头在所述关节运动过程中的位置信息。

优选的,所述摄像头为高分辨率且具备无线发送功能的低功耗无源微型摄像头。

优选的,所述可见光光源为LED可见光光源。

优选的,所述LED可见光光源为锚灯。

一种动作捕捉方法,基于动作捕捉系统,所述动作捕捉系统包括摄像头、计算机和多个可见光光源,所述方法包括:

(1)所述计算机接收所述摄像头在关节运动过程中,对各个所述可见光光源进行拍摄得到的图像信息。

(2)所述计算机根据所述图像信息和可见光成像定位算法,确定所述摄像头在所述关节运动过程中的位置信息。

(3)所述计算机将所述摄像头在所述关节运动过程中的位置信息连接,得到所述摄像头的运动轨迹,作为所述关节的运动轨迹。

优选的,所述计算机根据所述图像信息和可见光成像定位算法,确定所述摄像头在所述关节运动过程中的位置信息,包括:所述计算机利用所述可见光成像定位算法,从所述图像信息中确定出所述摄像头与各个所述可见光光源之间的相对距离和相对角度;所述计算机根据所述摄像头与各个所述可见光光源之间的相对距离和相对角度,确定所述摄像头在所述关节运动过程中的位置信息。

优选的,所述摄像头为高分辨率且具备无线发送功能的低功耗无源微型摄像头。

优选的,所述可见光光源为LED可见光光源。

优选的,所述LED可见光光源为锚灯。

与现有技术相比,本申请的有益效果为:在本申请中,动作捕捉系统包括摄像头、计算机和多个可见光光源,摄像头、计算机和可见光光源协同工作,可以确定关节的运动轨迹,实现动作捕捉。由于摄像头、计算机和可见光光源为普遍使用的设备,成本较低,因此动作捕捉系统整体成本较低,并且对摄像头、计算机和可见光光源的维护成本低,因此动作捕捉系统的整体维护成本较低。

6.1.4 附图说明

为了更清楚地说明本申请实施例中的技术方案,下面将对实施例描述中所需要使用的附图作简单地介绍。显而易见地,下面描述中的附图仅仅是本申请的一些实施例,对于本领域普通技术人员来讲,在不付出创造性劳动性的前提下,还可以根据这些附图获得其他的附图。

图 6-1 是本申请提供的动作捕捉系统的一种逻辑结构示意图。
图 6-2 是本申请提供的动作捕捉方法的一种流程图。
图 6-3 是本申请提供的动作捕捉方法的一种子流程图。

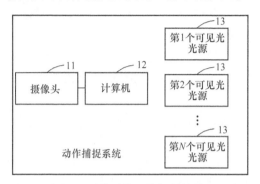

图 6-1 动作捕捉系统逻辑结构图

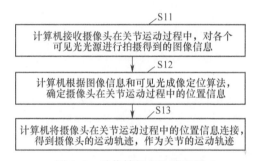

图 6-2 动作捕捉方法流程图

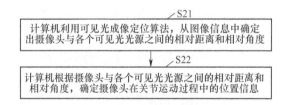

图 6-3 动作捕捉方法子流程图

6.1.5 具体实施方式

下面将结合本申请实施例中的附图,对本申请实施例中的技术方案进行清楚、完整地描述,显然,所描述的实施例仅仅是本申请一部分实施例,而不是全部的实施例。基于本申请中的实施例,本领域普通技术人员在没有做出创造性劳动前提下所获得的所有其他实施例,都属于本申请保护的范围。

本申请实施例公开了一种动作捕捉系统,包括:摄像头、计算机和多个可见光光源;所述摄像头安装于动作捕捉对象的关节处,用于在所述关节运动过程中,对各个所述可见光光源进行拍摄,得到图像信息,并将所述图像信息发送至所述计算机;所述可见光光源用于发射可见光;所述计算机,用于接收摄像头在关节运动过程中,对各个可见光光源进行拍摄得到的图像信息,及根据所述图像信息和可见光成像定位算法,确定所述摄像头在所述关节运动过程中的位置信息,及将所述摄像头在所述关节运动过程中的位置信息连接,得到所述摄像头的运动轨迹,作为所述关节的运动轨迹。

接下来,对本申请实施例公开的动作捕捉系统进行介绍,请参见图6-1,动作捕捉系统包括摄像头11、计算机12和多个可见光光源13。

需要说明的是,在图6-1中,各个可见光光源13分别表示为第1个可见光光源13、第2个可见光光源13、……、第N个可见光光源13,N为大于1的整数。

优选的,可见光光源13的个数可以设置为3个。当然,可见光光源13的个数也可以大于3个。

所述摄像头11安装于动作捕捉对象的关节处,用于在所述关节运动过程中,对各个所述可见光光源13进行拍摄,得到图像信息,并将所述图像信息发送至所述计算机12。

一般地,动作捕捉对象的各个关节处分别安装一个摄像头11,而各个摄像头11均可以用于在所述关节运动过程中,对各个所述可见光光源13进行拍摄,得到图像信息,并将所述图像信息发送至所述计算机12。

所述可见光光源13,用于发射可见光。

所述计算机12,用于接收摄像头11在关节运动过程中,对各个可见光光源13进行拍摄得到的图像信息,及根据所述图像信息和可见光成像定位算法,确定所述摄像头11在所述关节运动过程中的位置信息,及将所述摄像头11在所述关节运动过程中的位置信息连接,得到所述摄像头11的运动轨迹,作为所述关节的运动轨迹。

在本申请中,动作捕捉系统包括摄像头11、计算机12和多个可见光光源13,摄像头11、计算机12和可见光光源13协同工作,可以确定关节的运动轨迹,实现动作捕捉。由于摄像头11、计算机12和可见光光源13为普遍使用的设备,造价较低,因此动作捕捉系统整体造价较低,并且对摄像头11、计算机12和可见光光源13的维护成本低,因此动作捕捉系统的整体维护成本较低。

进一步的,由于摄像头11、计算机12和可见光光源13为常见且发展成熟的设备,因此可以使动作捕捉系统被广泛应用,实用性强。利用可见光成像定位算法进行定位的精确性更高,摄像头11把图像信息实时传输至计算机12,由计算机12确定摄像头11的位置信息,延时小,可以提高动作捕捉的实时性。

在本申请的另一个实施例中,介绍所述计算机12根据所述图像信息和可见光成像定位算法,确定所述摄像头11在所述关节运动过程中的位置信息的过程,具体可以包括:

(1)步骤S1——利用所述可见光成像定位算法,从所述图像信息中确定出所述摄像头11与各个所述可见光光源13之间的相对距离和相对角度。

利用所述可见光成像定位算法,从所述图像信息中确定出所述摄像头11与各个所述可见光光源13之间的相对距离和相对角度的具体过程,可以参见已有技术中利用可见光成像定位算法确定相对距离和相对角度的过程,在此不再赘述。

(2)步骤S2——根据所述摄像头11与各个所述可见光光源13之间的相对距离和相对角度,确定所述摄像头11在所述关节运动过程中的位置信息。

在本申请的另一个实施例中,对所述摄像头11进行介绍,所述摄像头11可以为但不局限于高分辨率且具备无线发送功能的低功耗无源微型摄像头11。

考虑到被采集者的动作幅度和动作速度,采用高分辨率的低功耗无源微型摄像头11,可以达到更好的拍摄效果。

在本申请的另一个实施例中,对所述可见光光源13进行介绍,所述可见光光源13可以为但不局限于LED可见光光源13。

可选的,所述LED可见光光源13可以为但不局限于锚灯。

接下来对本申请提供的动作捕捉方法进行介绍,下文描述的动作捕捉方法与上文描述的动作捕捉系统可相互对应参照。

需要说明的是,本申请提供的动作捕捉方法基于动作捕捉系统。其中,动作捕捉系统的结构及相关功能请参见前述各个实施例介绍的动作捕捉系统,在此不再赘述。

请参见图6-2,动作捕捉方法包括:

(1)步骤S11——所述计算机接收所述摄像头在关节运动过程中,对各个所述可见光光源进行拍摄得到的图像信息。

(2)步骤S12——所述计算机根据所述图像信息和可见光成像定位算法,确定所述摄像头在所述关节运动过程中的位置信息。

(3)步骤S13——所述计算机将所述摄像头在所述关节运动过程中的位置信息连接,得到所述摄像头的运动轨迹,作为所述关节的运动轨迹。

在本申请的另一个实施例中,介绍所述计算机根据所述图像信息和可见光成像定位算法,确定所述摄像头在所述关节运动过程中的位置信息的过程,请参见图6-3,可以包括:

(1)步骤S21——所述计算机利用所述可见光成像定位算法,从所述图像信息中确定出所述摄像头与各个所述可见光光源之间的相对距离和相对角度。

(2)步骤S22——所述计算机根据所述摄像头与各个所述可见光光源之间的

相对距离和相对角度,确定所述摄像头在所述关节运动过程中的位置信息。

上述摄像头可以为但不局限于高分辨率且具备无线发送功能的低功耗无源微型摄像头。

上述可见光光源可以为但不局限于 LED 可见光光源。

所述 LED 可见光光源可以为但不局限于锚灯。

需要说明的是,本说明书中的各个实施例均采用递进的方式描述,每个实施例重点说明的都是与其他实施例的不同之处,各个实施例之间相同相似的部分互相参见即可。对于装置类实施例而言,由于其与方法实施例基本相似,所以描述的比较简单,相关之处参见方法实施例的部分说明即可。

最后,还需要说明的是,在本书中,诸如第一和第二等之类的关系术语仅仅用来将一个实体或者操作与另一个实体或操作区分开来,而不一定要求或者暗示这些实体或操作之间存在任何这种实际的关系或者顺序。而且,术语"包括""包含"或者其任何其他变体意在涵盖非排他性的包含,从而使得包括一系列要素的过程、方法、物品或者设备不仅包括那些要素,而且还包括没有明确列出的其他要素,或者是还包括为这种过程、方法、物品或者设备所固有的要素。在没有更多限制的情况下,由语句"包括一个……"限定的要素,并不排除在包括所述要素的过程、方法、物品或者设备中还存在另外的相同要素。

为了描述的方便,描述以上装置时以功能分为各种单元分别描述。当然,在实施本申请时可以把各单元的功能在同一个或多个软件和/或硬件中实现。

通过以上的实施方式的描述可知,本领域的技术人员可以清楚地了解到本申请可借助软件加必需的通用硬件平台的方式来实现。基于这样的理解,本申请的技术方案本质上或者说对现有技术做出贡献的部分可以以软件产品的形式体现出来,该计算机软件产品可以存储在存储介质中,如 ROM/RAM、磁碟、光盘等,包括若干指令用以使得一台计算机设备(可以是个人计算机,服务器,或者网络设备等)执行本申请各个实施例或者实施例的某些部分所述的方法。

以上对本申请所提供的一种动作捕捉系统及方法进行了详细介绍,本书中应用了具体个例对本申请的原理及实施方式进行了阐述,以上实施例的说明只是用于帮助理解本申请的方法及其核心思想;同时,对于本领域的一般技术人员,依据本申请的思想,在具体实施方式及应用范围上均会有改变之处,综上所述,本说明书内容不应理解为对本申请的限制。

6.2　一种仓储管理方法和装置

6.2.1　技术领域

本申请涉及光电技术领域,尤其涉及一种仓储管理方法和装置。

6.2.2 背景技术

随着网络购物和网上支付的普及,以及移动电子商户的数量急剧增加,越来越多的企业开始进军仓储业。仓储通常是指通过仓库对货物进行储存与保管的行为。仓储管理往往是仓储机构为了充分利用所具有的仓储资源提供高效的仓储服务所进行的计划、组织、控制和协调过程。有效的仓储管理对促进生产、提高效率起着重要的辅助作用。

由于仓库中储存的货物的类别往往不止一种,为便于区分和查找某一类别的货物,往往需要对货物进行归类存储,并为各个类别的货物制作一个标签,来标识各个类别的货物的名称、数量、生产厂家和入库时间等信息,该标签一般是人工手写或者打印的标牌。

现有技术中,由于仓库中储存的货物的流通性较大,用于标识各个类别的货物的标签需要不断变化和更新,当某一类别的货物信息发生变更时,往往需要耗费大量的人力资源根据变更后的货物的信息重新制作该类别的货物的标签。

6.2.3 发明内容

本申请实施例提供一种仓储管理方法,用于解决现有技术中需要耗费大量的人力资源根据变更后的货物的信息来重新制作货物的标签的问题。

本申请实施例还提供一种仓储管理装置,用于解决现有技术中需要耗费大量的人力资源根据变更后的货物的信息来重新制作货物的标签的问题。

本申请实施例还提供一种仓储管理系统,用于解决现有技术中需要耗费大量的人力资源根据变更后的货物的信息来重新制作货物的标签的问题。

本申请实施例采用下列技术方案。

(1)一种仓储管理方法,包括:接收针对目标货物对应的光标签的变更指令,所述光标签用于记录仓库中所述目标货物的基本信息,所述目标货物为所述仓库中变更的货物;根据所述变更指令中的所述目标货物的基本信息和针对所述目标货物的处理方式,修改与所述目标货物对应的光标签的信息,以便所述光标签对应的光信号发射单元发出与修改后的所述光标签的信息对应的光信号。

(2)一种仓储管理装置,包括:接收单元,用于接收针对目标货物对应的光标签的变更指令,所述光标签用于记录仓库中所述目标货物的基本信息,所述目标货物为所述仓库中变更的货物;修改单元,用于根据所述变更指令中的所述目标货物的基本信息和针对所述目标货物的处理方式,修改与所述目标货物对应的光标签的信息,以便所述光标签对应的光信号发射单元发出与修改后的所述光标签的信息对应的光信号。

(3)一种仓储管理系统,包括:控制终端,用于接收针对目标货物对应的光标签的变更指令,所述光标签用于记录仓库中所述目标货物的基本信息,所述目标货物为所述仓库中变更的货物;根据所述变更指令中的所述目标货物的基本信息和针对所述目标货物的处理方式,修改与所述目标货物对应的光标签的信息;光信号发射单元,用于发出与修改后的所述光标签的信息对应的光信号。

本申请实施例采用的上述至少一个技术方案能够达到以下有益效果:

当期望变更目标货物对应的光标签的信息时,由于能够接收针对目标货物对应的光标签的变更指令,该光标签用于记录仓库中目标货物的基本信息,该目标货物为仓库中变更的货物,然后根据变更指令中的目标货物的基本信息和针对目标货物的处理方式,修改与目标货物对应的光标签的信息,以便光标签对应的光信号发射单元发出与修改后的光标签的信息对应的光信号,这样便可以根据修改后的光标签的信息对目标货物对应的光标签的信息进行修改,从而能够解决现有技术中需要耗费大量的人力资源根据变更后的货物的信息来重新制作货物的标签的问题。

6.2.4 附图说明

此处所说明的附图用来提供对本申请的进一步理解,构成本申请的一部分,本申请的示意性实施例及其说明用于解释本申请,并不构成对本申请的不当限定。在附图中:

图6-4为本申请实施例1提供的仓储管理方法的实行流程示意图。

图6-5为本申请实施例2提供的一种实际场景示意图。

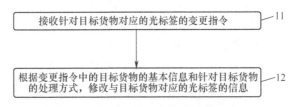

图6-4 仓储管理方法的实行流程示意图

图6-6为本申请实施例2提供的仓储管理方法应用在实际场景中的实现流程示意图。

图6-7为本申请实施例3提供的一种仓储管理装置的结构示意图。

图6-8为本申请实施例4提供的一种仓储管理系统的结构示意图。

6.2.5 具体实施方式

为使本申请的目的、技术方案和优点更加清楚,下面将结合本申请具体实施例及相应的附图对本申请技术方案进行清楚、完整地描述。显然,所描述的实施例仅

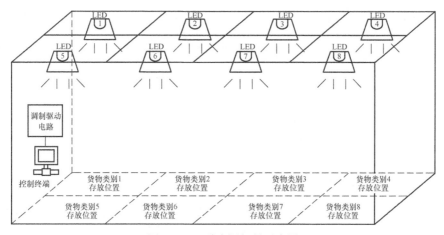

图 6-5 一种实际场景示意图

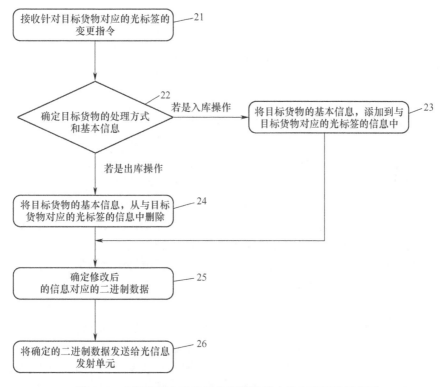

图 6-6 仓储管理方法应用在实际场景中的实现流程示意图

是本申请一部分实施例,而不是全部的实施例。基于本申请中的实施例,本领域普通技术人员在没有做出创造性劳动前提下所获得的所有其他实施例,都属于本申

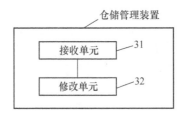

图 6-7　仓储管理装置的结构示意图

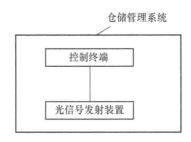

图 6-8　仓储管理系统的结构示意图

请保护的范围。

以下结合附图,详细说明本申请各实施例提供的技术方案。

1) 实施例 1

为解决现有技术中需要耗费大量的人力资源根据变更后的货物的信息来重新制作货物的标签的问题,本申请实施例 1 提供一种仓储管理方法。本申请实施例 1 提供的仓储管理方法的执行主体可以是个人计算机(Personal Computer,PC)和服务器等终端设备,由于终端设备在仓储管理方法中可以对实现对仓库中的货物的信息的管理,因此可以将这些终端设备称为控制终端。

为便于描述,下文以该方法的执行主体为控制终端为例,对该方法的实施方式进行详细描述,可以理解,该方法的执行主体为控制终端只是一种示例性的说明,并不应理解为对该方法的限定。

本申请实施例 1 提供的仓储管理方法,可以用于仓库内的货物的管理。该方法所管理的仓库可以根据仓库用户的实际需求,预留有预设类别的货物的储存位置。货物的类别可以是仓库管理员根据货物信息的维度划分的,如可以根据相同的生产厂家、用途和/或商品名称等货物的基本信息划分为同一类别的货物。针对不同类别的货物,可以使用不同的标签对这些不同类别的货物进行区分,这里所说的标签,可以是包含货物的信息的标签,该标签可以是以一维条形码或二维条形码的标牌形式存在,也可以是以人工手动记录的标牌形式存在。

现有技术中,往往需要耗费人力资源来记录和区分仓库中不同类别的货物的信息,如货物的种类、数量、生产厂家、生产日期和保质期等信息。当某一类别的货物的信息发生变更时,如部分货物的入库或出库,则会改变货物的数量、生产厂家、生产日期和保质期等信息,这时往往需要耗费大量的人力资源根据变更后的货物的信息重新制作该类别的货物对应的标签。为解决这一问题,本申请实施例,引入一种新的标签,即光标签,用于记录不同类别的货物的基本信息。

这里所说的光标签可以用于记录某一个类别的货物的基本信息,以及其他一些管理货物所需要的信息。该光标签可以是控制终端维护的记录仓库中货物基本信息的数据库中的一个或多个数据表。例如,可以将该光标签记录的货物的信息存储在数据库中的一个数据表中,也可以根据该光标签记录的货物信息的种类存储在不同的数据表中。再如,可以将货物的入库时间和出库时间记录在一个数据表中,而将货物的名称信息存储在另一个数据表中。每一个光标签均对应一个光信号发射单元,每一个光标签对应的光信号发射单元可以发出与其光标签记录的信息对应的光信号。

为便于描述,上文所述的控制终端维护的记录仓库中货物基本信息的数据库,可以简称为信息数据库,该信息数据库中可以包含货物的入库时间、货物的基本信息和货物的基本信息与二进制数据的一一对应的关系、以及货物的类别与光标签的一一对应关系等管理仓库过程中所需要的有关货物的信息。

该方法的实现流程示意图如图6-4所示,包括下列步骤:

(1) 步骤11,接收针对目标货物对应的光标签的变更指令。

其中,光标签用于记录仓库中目标货物的基本信息,目标货物为仓库中变更的货物,如根据仓库管理员变更光标签的时间顺序不同,该目标货物可以是仓库中待入库或出库的货物,也可以是仓库中已入库或已出库的货物。

当期望对目标货物进行入库操作或出库操作时,控制终端可以为仓库管理员提供一个图形用户界面,以便管理员将目标货物的全部或部分基本信息输入图形用户界面中,并选择目标货物的处理方式,使得控制终端接收到目标货物对应的光标签的变更指令,并根据接收到的变更指令确定目标货物的基本信息以及针对目标货物的处理方式。其中,目标货物的基本信息的输入方式可以是人工手动输入,也可以是通过扫描目标货物上的条形码的方式输入。

需要说明的是,为避免非仓库管理员通过控制终端对货物信息进行恶意操作,可以在控制终端设置一些密码防护,如可以通过管理员进行人脸识别方式、指纹识别方式或者用户名和密码匹配方式来登录该图形用户界面。

控制终端在接收到针对目标货物的处理请求之后,可以通过执行步骤12修改与目标货物对应的光标签的信息。

(2) 步骤12,根据变更指令中的目标货物的基本信息和针对目标货物的处理方式,修改与目标货物对应的光标签的信息,以便光标签对应的光信号发射单元发出与修改后的光标签的信息对应的光信号。

首先,根据变更指令中的目标货物的基本信息和针对目标货物的处理方式,修改与目标货物对应的光标签的信息;其次,确定修改后的光标签的信息对应的唯一标识,该标识可以是一串二进制数据。

具体来说,光标签对应的货物的基本信息与其对应的标识是预先建立好的对应关系,该对应关系可以由控制终端通过前文所述的信息数据库来维护。例如,可以根据货物的名称、数量、生产厂家、生产日期和保质期等基本信息,以及预设的二进制转化算法,将货物的基本信息转化为一串二进制数据,并保存该货物的基本信息与其对应的二进制数据的对应关系到信息数据库中。

若控制终端确定目标货物的处理方式为入库操作,则将目标货物的基本信息,添加到与目标货物对应的光标签的信息中,即可以根据实际应用需求,将目标货物的基本信息、入库时间和货物来源等信息添加到与目标货物对应的光标签的信息中。

若控制终端确定目标货物的处理方式为出库操作,则将目标货物的基本信息,从与目标货物对应的光标签的信息中删除。此外,为便于确定出库的货物的信息,如出库时间、出库原因、购买商家等信息,在将目标货物的基本信息,从与目标货物对应的光标签的信息中删除后,还可以将目标货物出库的信息记录在预设的出库明细数据表中,该数据表也可以存储在前文所述的信息数据库中。

在修改与目标货物对应的光标签的信息后,首先可以确定修改的信息对应的二进制数据,即从控制终端维护的信息数据库中,查找与修改后的光标签的信息对应的二进制数据,若能查找到与修改后的光标签信息对应的二进制数据,则将查找结果确定为修改后的光标签的信息对应的二进制数据,若未查找到与修改后的光标签的信息对应的二进制数据,则将修改后的光标签的信息按照预设的二进制转化算法转化为二进制数据,并将结果保存在控制终端维护的信息数据库中;然后将通过电力线将确定的二进制数据发送给光标签对应的光信号发射单元,从而使得光标签对应的光信号发射单元发出与确定的二进制数据对应的光信号。

需要说明的是,光标签对应的光信号发射单元发出与确定的二进制数据对应的光信号的实现方式为:二进制数据中只有"0"和"1"两个逻辑位,若二进制数据的逻辑位是"1",则将光标签对应的光信号发射单元的开关置于开的状态,即让光信号发射单元向外发光;若二进制数据的逻辑位是"0",将光标签对应的光信号发射单元的开关置于关的状态,即让光信号发射单元不向外发光。这样便使得光信号发射单元可以通过闪烁发光的方式来发出与确定的二进制数据对应的光信号。

需要说明的是,本申请实施例中的光标签对应的光信号发射单元发出的光信号,可以通过移动终端的摄像头对其进行采集,并解析出光信号对应的二进制数据,然后再根据二进制数据与货物的信息的对应关系,确定解析出的二进制数据对应的货物的信息,从而使得仓库管理员能够根据光标签对应的光信号发射单元发出的光信号来确定货物的信息,这样在管理员对仓库中的货物进行核对清算时,便可以通过移动终端的摄像头采集光信号发射单元发出的光信号对应的货物的信息。

此外,为便于仓库中的管理员在对目标货物执行入库操作和出库操作时,能够准确定位目标货物的存放位置,控制终端在接收到针对目标货物的储存位置查找指令后,首先可以根据目标货物的基本信息,确定与目标货物对应的光标签,然后根据确定的光标签,控制该光标签对应的光信号发射单元,发出指示信号,该指示信号用于指示目标货物的储存位置。

例如,控制终端可以控制光标签对应的光信号发射单元发出人眼可以识别的指示信号,引导管理员达到目标货物的储存位置;也可以控制光标签对应的光信号发射单元发出光信号识别单元可以识别的指示信号,引导包含有光信号识别单元的货物运输装置到达目标货物的储存位置。当仓库空间较大时,可以通过控制仓库中的其他光标签对应的光信号发射单元生成一条人眼可以识别的指引路线,该指引路线可以通过控制仓库中的其他光标签对应的光信号发射单元的明暗程度来确定;也可以控制仓库中的其他光标签对应的光信号发射单元发出光信号识别单元可以识别的信号,引导包含有光信号识别单元的货物运输装置到达目标货物的储存位置。

当期望变更目标货物对应的光标签的信息时,由于能够接收针对目标货物对应的光标签的变更指令,该光标签用于记录仓库中目标货物的基本信息,该目标货物为仓库中变更的货物,然后根据变更指令中的目标货物的基本信息和针对目标货物的处理方式,修改与目标货物对应的光标签的信息,以便光标签对应的光信号发射单元发出与修改后的光标签的信息对应的光信号,这样便可以根据修改后的光标签的信息对目标货物对应的光标签的信息进行修改,从而能够解决现有技术中需要耗费大量的人力资源根据变更后的货物的信息来重新制作货物的标签的问题。

2) 实施例2

基于与前述实施例1相同的发明构思,为了便于更好的理解本申请的技术特征、手段和效果,下面结合一种实际应用场景,详细说明本申请实施例2提供的方案在实际场景中的应用流程。如图6-5所示,为本申请实施例2提供的一个实际应用场景示意图,包括控制终端、8个光标签以及这8个光标签对应的8个发光二极管(Light Emitting Diode,LED)。其中,8个光标签分别用于记录货物类别1~8的基本信息,且由控制终端来维护,控制终端与8个光标签对应的8个LED之间通过调制驱动电路连接,LED与调制驱动电路连接构成前文所述的光信号发射单元。

如图6-6所示,为本申请实施例2提供的仓储管理方法应用在实际场景中的实现流程示意图,包括下列步骤:

(1)步骤21,接收针对目标货物对应的光标签的变更指令。

其中,光标签用于记录仓库中目标货物的基本信息,目标货物为仓库中变更的货物,即仓库中待入库或待出库的货物,或者已入库或已出库的货物。变更指令中包括目标货物的基本信息和针对目标货物的处理方式。

(2)步骤22,确定目标货物的处理方式和目标货物的基本信息。

确定目标货物的处理方式包括:若控制终端根据其维护的8个光标签中包含的货物的基本信息,确定仓库中的某些类别的货物库存不足时,则可以确定目标货物的类别和目标货物的处理方式为入库操作;若控制终端接收到针对某一类别的货物的取货订单时,则可以确定目标货物的类别和目标货物的处理方式为出库操作。

为避免在确定目标货物的基本信息时,需要人工向控制终端中输入目标货物的基本信息,本申请实施例可以结合一维条形码或二维条形码识别技术,当有目标货物入库或出库时,可以通过扫描目标货物上的条形码,确定目标货物的基本信息,如可以通过扫描目标货物上的条形码,获取目标货物的名称、类别、生产厂家等基本信息。

(3)步骤23,若目标货物的处理方式为入库操作,则将目标货物的基本信息,添加到与目标货物对应的光标签的信息中。

若确定目标货物的处理方式为入库操作,则将确定的目标货物的基本信息,添加到与目标货物对应的光标签的信息中。此外,还可以更改目标货物对应的光标签的一些其他信息,如光标签对应的货物的数量等信息。

(4)步骤24,若确定目标货物的处理方式为出库操作,则将目标货物的基本信息,从与目标货物对应的光标签的信息中删除。

若确定目标货物的处理方式为出库操作,则将确定的目标货物的基本信息,从与目标货物对应的光标签的信息中删除。此外,还可以更改目标货物对应的光标签的一些其他信息,如光标签对应的货物的数量等。为便于仓库管理员对仓库中的货物的信息进行核对校验,在将目标货物的基本信息从与目标货物对应的光标签中的信息中删除之后,还可以将目标货物出库的信息记录在预设的出库明细数据表中。

(5)步骤25,确定修改后的光标签的信息对应的二进制数据。

在对光标签的信息进行修改之后,可以按照预设的二进制转化算法,将修改后的信息转化为一串二进制数据。

(6)步骤26,将确定的二进制数据发送给光信号发射单元。

在将确定的目标货物的基本信息,添加到与目标货物对应的光标签的信息中后,可以按照预设的二进制转化算法将添加后的信息转化为二进制数据。

在确定添加后的信息对应的二进制数据后,为解决现有技术中需要耗费大量的人力资源根据变更后的货物的信息来重新制作货物的标签的问题,可以将确定的二进制数据发送给光标签对应的光信号发射单元,以便光信号发射单元发出与确定的二进制数据对应的光信号,使得仓库管理员能够通过移动终端的摄像头采集该光信号,并根据该光信号确定其对应的二进制数据,从而确定该光信号对应的货物的信息。

此外,为便于管理员或仓库中的其他工作人员能尽快确定目标货物的储存位置,本申请实施例可以通过控制终端控制光标签对应的光信号发射单元,发出引导管理员或者包含光信号识别单元的货物运输装置到达目标货物的储存位置的光信号。例如,如图6-5所示,若确定目标货物的类别为货物类别3,继而可以确定货物类别3所对应的光标签的光信号发射单元为LED3,则可以控制LED 3发出人眼能够明显区别于其他光信号发射单元的光信号,引导管理员快速准确地到达目标货物的储存位置,即货物类别3的储存位置。

当期望变更目标货物对应的光标签的信息时,由于能够接收针对目标货物对应的光标签的变更指令,该光标签用于记录仓库中目标货物的基本信息,该目标货物为仓库中变更的货物,然后根据变更指令中的目标货物的基本信息和针对目标货物的处理方式,修改与目标货物对应的光标签的信息,以便光标签对应的光信号发射单元发出与修改后的光标签的信息对应的光信号,这样便可以根据修改后的光标签的信息对目标货物对应的光标签的信息进行修改,从而能够解决现有技术中需要耗费大量的人力资源根据变更后的货物的信息来重新制作货物的标签的问题。

3) 实施例3

基于与前述实施例1和实施例2相同的发明构思,本申请实施例3提供了一种仓储管理装置,用于解决现有技术中需要根据变更后的货物的基本信息重新制作条形码的问题。

如图6-7所示,为本申请实施例3提供的一种仓储管理装置的结构示意图,包括下列功能单元:

(1) 接收单元31,用于接收针对目标货物对应的光标签的变更指令,该光标签用于记录仓库中目标货物的基本信息,目标货物为仓库中变更的货物;

(2) 修改单元32,用于根据变更指令中的目标货物的基本信息和针对目标货物的处理方式,修改与目标货物对应的光标签的信息,以便光标签对应的光信号发射单元发出与修改后的光标签的信息对应的光信号。

上述装置实施例的具体工作流程是:首先,接收单元31用于接收针对目标货物对应的光标签的变更指令,该光标签用于记录仓库中目标货物的基本信息,目标货物为仓库中变更的货物;然后,修改单元32用于根据变更指令中的目标货物的基本信息和针对目标货物的处理方式,修改与目标货物对应的光标签的信息,以便光标签对应的光信号发射单元发出与修改后的光标签的信息对应的光信号。

这样在光标签对应的货物的信息发送变更时,则可以直接修改光标签对应的信息,从而能够避免现有技术中,当某一类别的货物信息发生变更时,往往需要耗费大量的人力资源根据变更后的货物的信息重新制作该类别的货物的标签。

本申请实施例中,仓储管理的具体实施方式可以有很多种,在一种实施方式中,为便于仓库管理员能够根据准确找到目标货物的储存位置,所述装置还包括:

(1)指令接收单元33,用于接收针对目标货物的储存位置查找指令;

(2)确定单元34,用于根据目标货物的基本信息,确定与目标货物对应的光标签;

(3)控制单元35,用于根据确定的光标签,控制光标签对应的光信号发射单元,发出指示信号,该指示信号用于指示目标货物的储存位置。

在一种实施方式中,目标货物的处理方式包括:入库操作;出库操作。

在一种实施方式中,若确定目标货物的处理方式为入库操作,修改单元32,具体用于:将目标货物的基本信息,添加到与目标货物对应的光标签的信息中。

在一种实施方式中,若确定目标货物的处理方式为出库操作,修改单元32,具体用于:将目标货物的基本信息,从与目标货物的对应的光标签的信息中删除。

在一种实施方式中,为便于光标签对应的光信号发射单元能够发出与光标签的信息对应的光信号,在修改与目标货物对应的光标签的信息之后,所述装置还包括:

(1)数据确定单元36,用于确定修改的光标签的信息对应的二进制数据;

(2)数据发送单元37,用于将确定的二进制数据发送给光标签对应的光信号发射单元,以便光标签对应的光信号发射单元发出与确定的二进制数据对应的光信号。

当期望变更目标货物对应的光标签的信息时,由于能够接收针对目标货物对应的光标签的变更指令,该光标签用于记录仓库中目标货物的基本信息,该目标货物为仓库中变更的货物,然后根据变更指令中的目标货物的基本信息和针对目标货物的处理方式,修改与目标货物对应的光标签的信息,以便光标签对应的光信号发射单元发出与修改后的光标签的信息对应的光信号,这样便可以根据修改后的光标签的信息对目标货物对应的光标签的信息进行修改,从而能够解决现有技术中需要耗费大量的人力资源根据变更后的货物的信息来重新制作货物的标签的问题。

4）实施例4

基于与前述实施例1、2和3相同的发明构思，本申请实施例4提供了一种仓储管理系统，用于解决现有技术中需要根据变更后的货物的基本信息重新制作条形码的问题。

如图6-8所示，为本申请实施例4提供的一种仓储管理系统的结构示意图，包括：

（1）控制终端，用于接收针对目标货物对应的光标签的变更指令，所述光标签用于记录仓库中所述目标货物的基本信息，所述目标货物为所述仓库中变更的货物；

（2）根据所述变更指令中的所述目标货物的基本信息和针对所述目标货物的处理方式，修改与所述目标货物对应的光标签的信息；

（3）光信号发射装置，用于发出与修改后的所述光标签的信息对应的光信号。

可选的，所述控制终端还用于：①接收针对目标货物的储存位置查找指令；②根据所述目标货物的基本信息，确定与所述目标货物对应的光标签；③根据确定的所述光标签，控制所述光标签对应的光信号发射单元，发出指示信号，所述指示信号用于指示所述目标货物的储存位置。

可选的，所述目标货物的处理方式包括：入库操作；出库操作。

可选的，当所述目标货物的处理方式为入库操作时，所述控制终端，具体用于：将所述基本信息，添加到与所述目标货物对应的光标签的信息中。

可选的，当所述目标货物的处理方式为出库操作时，所述控制终端，具体用于：将所述基本信息，从与所述目标货物的对应的光标签的信息中删除。

可选的，在修改与所述目标货物对应的光标签的信息之后，所述控制终端，还用于：①确定修改后的所述光标签的信息对应的二进制数据；②将所述二进制数据发送给所述光信号发射单元，以便所述光信号发射单元发出与所述二进制数据对应的光信号。

当期望变更目标货物对应的光标签的信息时，由于能够接收针对目标货物对应的光标签的变更指令，该光标签用于记录仓库中目标货物的基本信息，该目标货物为仓库中变更的货物，然后根据变更指令中的目标货物的基本信息和针对目标货物的处理方式，修改与目标货物对应的光标签的信息，以便光标签对应的光信号发射单元发出与修改后的光标签的信息对应的光信号，这样便可以根据修改后的光标签的信息对目标货物对应的光标签的信息进行修改，从而能够解决现有技术中需要耗费大量的人力资源根据变更后的货物的信息来重新制作货物的标签的问题。

本领域内的技术人员应明白，本申请的实施例可提供方法、系统或计算机程序产品。因此，本申请可采用完全硬件实施例、完全软件实施例、或结合软件和硬件方面的实施例的形式。而且,本申请可采用在一个或多个其中包含有计算机可用程序代码的计算机可用存储介质(包括但不限于磁盘存储器、CD-ROM、光学存储器等)上实施的计算机程序产品的形式。

本申请是参照本申请实施例的方法、设备(系统)和计算机程序产品的流程图和/或方框图来描述的。应理解可由计算机程序指令实现流程图和/或方框图中的每一流程和/或方框,以及流程图和/或方框图中的流程和/或方框的结合。可提供这些计算机程序指令到通用计算机、专用计算机、嵌入式处理机或其他可编程数据处理设备的处理器以产生一个机器,使得通过计算机或其他可编程数据处理设备的处理器执行的指令产生用于实现在流程图一个流程或多个流程和/或方框图一个方框或多个方框中指定的功能的装置。

这些计算机程序指令也可存储在能引导计算机或其他可编程数据处理设备以特定方式工作的计算机可读存储器中,使得存储在该计算机可读存储器中的指令产生包括指令装置的制造品,该指令装置实现在流程图一个流程或多个流程和/或方框图一个方框或多个方框中指定的功能。

这些计算机程序指令也可装载到计算机或其他可编程数据处理设备上,使得在计算机或其他可编程设备上执行一系列操作步骤以产生计算机实现的处理,从而在计算机或其他可编程设备上执行的指令提供用于实现在流程图一个流程或多个流程和/或方框图一个方框或多个方框中指定的功能的步骤。

在一个典型的配置中,计算设备包括一个或多个处理器(CPU)、输入/输出接口、网络接口和内存。

内存可能包括计算机可读介质中的非永久性存储器,随机存取存储器(RAM)和/或非易失性内存等形式,如只读存储器(ROM)或闪存(Flash RAM)。内存是计算机可读介质的示例。

计算机可读介质包括永久性和非永久性、可移动和非可移动媒体可以由任何方法或技术来实现信息存储。信息可以是计算机可读指令、数据结构、程序的模块或其他数据。计算机的存储介质的例子包括,但不限于相变内存(PRAM)、静态随机存取存储器(SRAM)、动态随机存取存储器(DRAM)、其他类型的随机存取存储器(RAM)、只读存储器(ROM)、电可擦除可编程只读存储器(EEPROM)、快闪记忆体或其他内存技术、只读光盘只读存储器(CD-ROM)、数字多功能光盘(DVD)或其他光学存储、磁盒式磁带,磁带磁磁盘存储或其他磁性存储设备或任何其他非传输介质,可用于存储可以被计算设备访问的信息。按照本书中的界定,计算机可读介质不包括暂存电脑可读媒体(transitory media),如调制的数据信号和载波。

还需要说明的是,术语"包括""包含"或者其任何其他变体意在涵盖非排他性的包含,从而使得包括一系列要素的过程、方法、商品或者设备不仅包括那些要素,而且还包括没有明确列出的其他要素,或者是还包括为这种过程、方法、商品或者设备所固有的要素。在没有更多限制的情况下,由语句"包括一个……"限定的要素,并不排除在包括要素的过程、方法、商品或者设备中还存在另外的相同要素。

以上仅为本申请的实施例而已,并不用于限制本申请。对于本领域技术人员来说,本申请可以有各种更改和变化。凡在本申请的精神和原理之内所做的任何修改、等同替换、改进等,均应包含在本申请的权利要求范围之内。

6.3　多媒体显示屏定位装置

6.3.1　技术领域

本申请涉及通信技术领域,尤其涉及一种多媒体显示屏定位装置。

6.3.2　背景技术

随着科技发展,高技术含量的教学设施逐渐进入课堂。其中,多媒体屏幕在课堂教学中占有重要的地位。

在相关技术中,操作笔大多使用激光指示实现非接触操作屏幕。但是,传统的操作笔一般只能提供翻页及发射激光的功能,功能单一。

6.3.3　实用新型内容

本申请公开一种多媒体显示屏定位装置,解决了传统操作笔功能单一的问题。

为了解决上述问题,本申请采用下列技术方案:

本申请实施例公开一种多媒体显示屏定位装置,包括显示屏、主机、定位光源和与所述主机无线连接的操作笔,其中:所述操作笔包括光敏元件、图像传感器、姿态传感器、解算电路、控制器和触发开关,所述光敏元件、所述图像传感器、所述姿态传感器、所述解算电路和所述触发开关分别与所述控制器连接,所述光敏元件接收到所述定位光源的信号触发所述图像传感器和所述姿态传感器,所述图像传感器对所述定位光源成像并将成像信号传输至所述控制器,所述姿态传感器记录所述操作笔的姿态角并将姿态角的数据信号传输至所述控制器,所述控制器将所述成像信号和所述数据信号传输至所述解算电路,所述解算电路解算出所述操作笔瞄准的位置信息,所述解算电路将所述位置信息传输至所述控制器,所述控制器将所述位置信息发送至所述主机,所述触发开关接收用户输入的操作指令,所述触发开关将所述操作指令传输至所述控制器,所述控制器将所述操作指令发送至所述主机;所述主机,控制光标显示在所述显示屏上与所述位置信息对应的位置,执行与所述操作指令对应的操作。

本申请采用的技术方案能够达到以下有益效果:

本申请实施例提供一种多媒体显示屏定位装置，多媒体显示屏定位装置包括显示屏、主机、定位光源和与主机无线连接的操作笔，在操作笔上设置的光敏元件接收到定位光源的信号的情况下，触发图像传感器和姿态传感器，图像传感器对定位光源成像并将成像信号通过控制器传输至解算电路，姿态传感器记录操作笔的姿态角并将姿态角的数据信号通过控制器传输至解算电路，解算电路根据成像信号的数据信号解算出操作笔瞄准的位置信息并将位置信息通过控制器发送至主机，触发开关接收用户输入的操作指令并将操作指令通过控制器发送至主机，主机控制光标显示在显示屏上与位置信息对应的位置，主机执行与操作指令对应的操作。通过在操作笔上设置光敏元件、图像传感器、姿态传感器、解算电路、控制器和触发开关，将操作笔与主机无线连接，使得操作笔能够更好地满足课堂教学时的需求，解决了传统操作笔功能单一的问题。

6.3.4 附图说明

图6-9为本申请实施例公开的一种操作笔的结构框图；

图6-10为本申请实施例公开的一种操作笔的结构示意图。

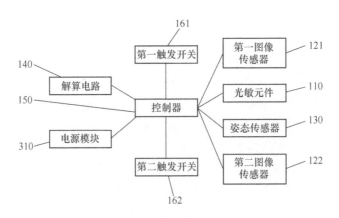

图6-9 操作笔结构框图

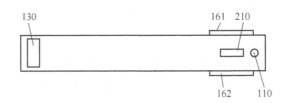

图6-10 操作笔结构示意图

6.3.5 具体实施方式

下面将结合本申请实施例中的附图,对本申请实施例中的技术方案进行清楚地描述。显然,所描述的实施例是本申请一部分实施例,而不是全部的实施例。基于本申请中的实施例,本领域普通技术人员获得的所有其他实施例,都属于本申请保护的范围。

本申请的说明书和权利要求书中的术语"第一""第二"等是用于区别类似的对象,而不用于描述特定的顺序或先后次序。应该理解这样使用的数据在适当情况下可以互换,以便本申请的实施例能够以除了在这里图示或描述的那些以外的顺序实施,且"第一""第二"等所区分的对象通常为一类,并不限定对象的个数,如第一对象可以是一个,也可以是多个。此外,说明书以及权利要求中"和/或"表示所连接对象的至少其中之一,字符"/"一般表示前后关联对象是一种"或"的关系。

本申请公开一种多媒体显示屏定位装置,图 6-9 为本申请实施例公开的一种操作笔的结构框图,图 6-10 为本申请实施例公开的一种操作笔的结构示意图。

如图 6-9 和图 6-10 所示,本申请实施例公开的一种多媒体显示屏定位装置,包括显示屏、主机、定位光源和与主机无线连接的操作笔,其中:操作笔,包括光敏元件 110、图像传感器、姿态传感器 130、解算电路 140、控制器 150 和触发开关,光敏元件 110、图像传感器、姿态传感器 130、解算电路 140 和触发开关分别与控制器 150 连接。

光敏元件 110 接收到定位光源的信号触发图像传感器和姿态传感器 130,图像传感器对定位光源成像并将成像信号传输至控制器 150,姿态传感器 130 记录操作笔的姿态角并将姿态角的数据信号传输至控制器 150,控制器 150 将成像信号和数据信号传输至解算电路 140,解算电路 140 解算出操作笔瞄准的位置信息,解算电路 140 将位置信息传输至控制器 150,控制器 150 将位置信息发送至主机。

也就是说,在光敏元件 110 接收到定位光源的信号的情况下,触发图像传感器和姿态传感器 130,图像传感器对定位光源成像并将成像信号传输至控制器 150,姿态传感器 130 记录操作笔的姿态角并将姿态角的数据信号传输至控制器 150,控制器 150 将成像信号和数据信号传输至解算电路 140,解算电路 140 根据成像信号和姿态角的数据信号解算出操作笔瞄准的位置信息(操作笔指向的位置信息)并将位置信息通过控制器 150 发送至主机。

触发开关接收用户输入的操作指令,触发开关将操作指令传输至控制器 150,控制器 150 将操作指令发送至所述主机。

在触发开关接收到用户输入的操作指令的情况下,通过控制器 150 将操作指令发送至主机。触发开关接收到的用户的操作指令包括但不限于"选中""复制""剪切""刷新""字体""段落""超链接"或"插入批注"。

主机，控制光标显示在显示屏上与位置信息对应的位置，执行与操作指令对应的操作。

也就是说，主机在接收到控制器 150 发送的操作笔瞄准的位置信息的情况下，控制光标显示在显示屏上与该位置信息对应的位置，主机在接收到控制器 150 发送的用户输入的操作指令之后，执行与该操作指令对应的操作。

本申请实施例提供一种多媒体显示屏定位装置，包括显示屏、主机、定位光源和与主机无线连接的操作笔，在操作笔上设置的光敏元件 110 接收到定位光源的信号的情况下，触发图像传感器和姿态传感器 130，图像传感器对定位光源成像并将成像信号通过控制器 150 传输至解算电路 140，姿态传感器 130 记录操作笔的姿态角并将姿态角的数据信号通过控制器 150 传输至解算电路 140，解算电路 140 根据成像信号的数据信号解算出操作笔瞄准的位置信息并将位置信息通过控制器 150 发送至主机，触发开关接收用户输入的操作指令并将操作指令通过控制器 150 发送至主机，主机控制光标显示在显示屏上与位置信息对应的位置，主机执行与操作指令对应的操作。通过在操作笔上设置光敏元件 110、图像传感器、姿态传感器 130、解算电路 140、控制器 150 和触发开关，将操作笔与主机无线连接，使得操作笔能够更好地满足课堂教学时的需求，解决了传统操作笔功能单一的问题。

一种可选的方案中，如图 6-9 所示，操作笔上的图像传感器可以包括第一图像传感器 121 和第二图像传感器 122，第一图像传感器 121 和第二图像传感器 122 分别设置于操作笔笔身的两侧，第一图像传感器 121 和第二图像传感器 122 分别与控制器 150 连接。通过在操作笔笔身的两侧分别设置第一图像传感器 121 和第二图像传感器 122，第一图像传感器 121 和第二图像传感器 122 分别对定位光源成像并分别将成像信号通过控制器 150 传输至解算电路 140，由解算电路 140 根据两成像信号结合姿态传感器 130 记录的操作笔的姿态角的数据信号，解算出更精确的操作笔瞄准的位置信息。

在本申请实施例中，如图 6-9 所示，操作笔上的触发开关可以包括第一触发开关 161 和第二触发开关 162，第一触发开关 161 和第二触发开关 162 分别与控制器 150 连接。第一触发开关 161 和第二触发开关 162 分别接收用户输入的不同的操作指令。例如，第一触发开关 161 可以接收用户输入的"选中"的操作指令，第二触发开关 162 可以接收用户输入的"复制""剪切""刷新""字体""段落""超链接"或"插入批注"的操作指令。在第一触发开关 161 或第二触发开关 162 接收到用户输入的操作指令的情况下，将操作指令通过控制器 150 发送至主机，由主机执行与操作指令对应的操作，并通过显示屏显示。通过第一触发开关 161 和第二触发开关 162 分别接收用户输入的不同的操作指令，可以使得用户操作更加方便。

需要说明的是，第一触发开关 161 和第二触发开关 162 可以接收的用户输入的操作指令并不局限于上述举例，也可以为其他操作指令，可以根据实际需求进行设置。

一种可选的方案中,如图 6-10 所示,操作笔还可以包括滚轮 210,滚轮 210 与控制器 150 连接。设置在操作笔上的滚轮 210 可以接收用户输入的翻页操作,滚轮 210 将接收到的用户输入的翻页操作通过控制器 150 发送至主机,主机执行翻页操作,并通过显示屏显示。

在本申请实施例中,操作笔还可以包括光线开关和激光发射器,光线开关与激光发射器连接。在用户对光线开关进行操作的情况下,与光线开关连接的激光发射器发射激光。光线开关与激光发射器可以与本申请公开的操作笔的其他功能结合使用,也可以单独使用,本申请对此不做具体限定。

在本申请实施例中,如图 6-9 所示,操作笔还可以包括电源模块 310,电源模块 310 与控制器 150 连接。通过电源模块 310 向操作笔进行供电。

一种可选的方案中,姿态传感器 130 可以为陀螺仪。也就是说,可以通过陀螺仪记录操作笔的姿态角并将姿态角的数据信号传输至控制器 150。

本申请上文实施例中重点描述的是各个实施例之间的不同,各个实施例之间不同的优化特征只要不矛盾,均可以组合形成更优的实施例,考虑到行文简洁,在此则不再赘述。

以上所述仅为本申请的实施例而已,并不用于限制本申请。对于本领域技术人员来说,本申请可以有各种更改和变化。凡在本申请的精神和原理之内所做的任何修改、等同替换、改进等,均应包含在本申请的权利要求范围之内。

第7章 识别控制

7.1 一种信息采集装置

7.1.1 技术领域

本实用新型涉及通信领域,尤其涉及一种信息采集装置。

7.1.2 背景技术

在通信领域,高效收集信息是信息得以利用的基础。目前,难以对一定距离外的信息进行采集。现有技术中,可以通过无人机搭载采集设备进行信息采集,但是这种方法经济成本较高且对于采集环境要求苛刻,难以广泛利用。

如何降低远距离信息采集成本,是本申请所要解决的技术问题。

7.1.3 发明内容

本申请实施例的目的是提供一种信息采集装置,用以解决远距离信息采集成本高的问题。

提供了一种信息采集装置,包括:

(1) 发射模块,用于产生动力源以将采集弹头发射至目标点;

(2) 采集模块,设置在所述采集弹头内部,用于采集所述采集模块所在位置周围的信息,并将采集到的信息发送至处理模块;

(3) 与所述采集模块通信连接的处理模块,用于对所述采集模块采集到的信息进行处理,以得到所述目标点周围的信息。

较优的,所述信息发送子模块包括:通过无线电传输通路将所述处理后信息发送至信息接收模块的无线电信息发送子模块。

较优的,所述信息发送子模块包括:通过可见光传输通路将所述处理后信息发送至信息接收模块的可见光信息发送子模块。

较优的,所述可见光信息发送子模块包括:设置在所述采集弹头尾部的LED灯。

较优的,所述信息接收模块包括:通过可见光传输通路接收所述处理后信息的可见光信息接收模块;

所述可见光接收子模块包括:用于通过所述可见光传输通路接收所述处理后信息的光电检测阵列、用于对所述光电检测阵列接收到的信息执行放大的放大器、用于对所述光电检测阵列接收到的信息执行解调的解调器、用于对所述光电检测阵列接收到的信息执行解码的解码器。

较优的,所述无线电信息发送子模块包括:用于通过无线电传输通路向所述信息接收模块发送经过所述处理子模块处理的声音信息的声音信息发送子模块。

较优的,所述可见光信息发送子模块包括:用于通过可见光传输通路向所述信息接收模块发送经过所述处理子模块处理的图像信息的图像信息发送子模块。

较优的,所述信息发送子模块,包括:用于对所述处理后信息执行调制编码的调制编码子模块。

所述信息接收模块,包括:用于对接收到的处理后信息执行解调解码的解调解码子模块。

较优的,所述采集子模块包括:图像采集子模块,用于采集所述采集模块所在位置周围的图像信息;和/或,声音采集子模块,用于采集所述采集模块所在位置周围的声音信息。

较优的,所述图像采集子模块中的摄像头包括宽光谱摄像头,所述宽光谱摄像头用于采集大于或等于400nm且小于或等于1400nm波段的图像。

在本申请实施例中,机动式信息采集装置能通过将采集弹头发射至目标点的方式,使采集弹头采集目标点周围的信息,并通过处理模块对采集到的信息进行处理,以得到目标点周围的信息。本方案能高效低成本地采集目标点周围的信息,易于操作,对采集环境要求宽泛,能广泛适用于各种需要采集信息的场景。

7.1.4 附图说明

此处所说明的附图用来提供对本实用新型的进一步理解,构成本实用新型的一部分,本实用新型的示意性实施例及其说明用于解释本实用新型,并不构成对本实用新型的不当限定。在附图中:

图7-1是本实施例提供的一种机动式信息采集装置的结构示意图之一。

图7-2是本实施例提供的一种机动式信息采集装置的结构示意图之二。

图7-3是本实施例提供的一种机动式信息采集装置的结构示意图之三。

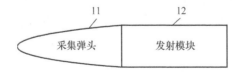

图7-1 机动式信息采集装置的结构示意图之一

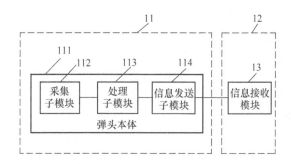

图 7-2 机动式信息采集装置的结构示意图之二

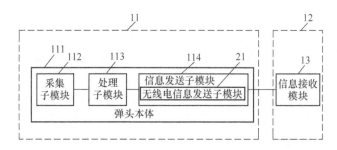

图 7-3 机动式信息采集装置的结构示意图之三

图 7-4 是本实施例提供的一种机动式信息采集装置的结构示意图之四。
图 7-5 是本实施例提供的一种机动式信息采集装置的结构示意图之五。
图 7-6 是本实施例提供的一种机动式信息采集装置的结构示意图之六。
图 7-7 是本实施例提供的一种机动式信息采集装置的结构示意图之七。
图 7-8 是本实施例提供的一种机动式信息采集装置的结构示意图之八。
图 7-9 是本实施例提供的一种机动式信息采集装置的结构示意图之九。

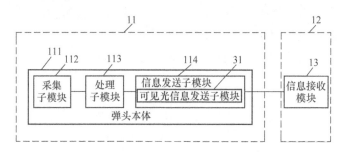

图 7-4 机动式信息采集装置的结构示意图之四

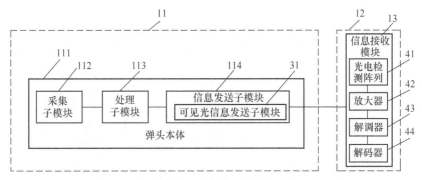

图 7-5 机动式信息采集装置的结构示意图之五

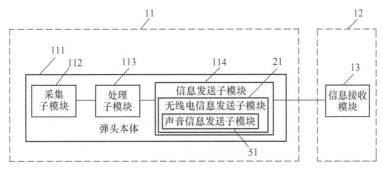

图 7-6 机动式信息采集装置的结构示意图之六

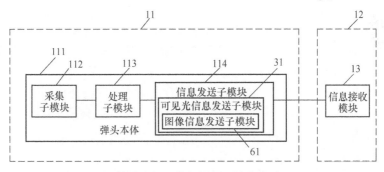

图 7-7 机动式信息采集装置的结构示意图之七

7.1.5 具体实施方式

下面将结合本实用新型实施例中的附图,对本实用新型实施例中的技术方案进行清楚、完整地描述。显然,所描述的实施例是本实用新型一部分实施例,而不是全部的实施例。基于本实用新型中的实施例,本领域普通技术人员在没有做出

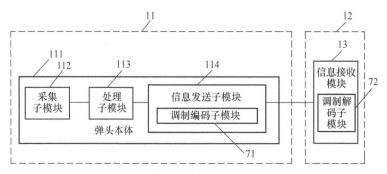

图7-8 机动式信息采集装置的结构示意图之八

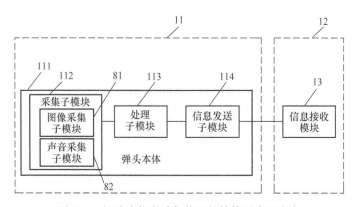

图7-9 机动式信息采集装置的结构示意图之九

创造性劳动前提下所获得的所有其他实施例,都属于本实用新型保护的范围。本申请中附图编号仅用于区分方案中的各个步骤,不用于限定各个步骤的执行顺序,具体执行顺序以说明书中描述为准。

为了解决现有技术中存在的问题,本申请实施例提供一种机动式信息采集装置,包括：

采集弹头11,所述采集弹头包括：

（1）弹头本体111；

（2）设置在弹头内部以采集所述采集弹头11的环境信息的采集子模块112；

（3）与所述采集子模块112有线连接或无线连接,对所述采集子模块112采集的环境信息进行处理以得到处理后信息的处理子模块113；

（4）发送所述处理后信息的信息发送子模块114；

（5）用于发射所述采集弹头11的发射模块12；

（6）用于接收所述处理后信息的信息接收模块13。

如图7-1所示,本实施例提供的装置包括采集弹头11和用于发射采集弹头

11 的发射模块 12。其中,发射模块 12 可以具有机动式结构,用以将采集弹头 11 发射至目标位置。

采集弹头发射至目标位置的过程中或发射到目标位置后,用于采集所在环境的环境信息。如图 7-2 所示,采集弹头 11 包括弹头本体 111,可以用以保护采集弹头 11 中的各个模块,减缓碰撞,避免磕碰损伤采集弹头 11 中的电子模块。采集弹头 11 可以采用减震材料,如塑料、橡胶等。

采集子模块 112 可以设置在弹头本体 111 内部,也可以镶嵌在弹头本体 111 表面,用以采集所在位置周围的环境信息。

处理子模块 113 较优的设置在弹头本体 111 内部,处理子模块 113 可以通过有线或无线的方式接收采集子模块收集到的环境信息,并对环境信息进行过滤处理,得到处理后信息。

发送子模块 114 较优的设置在弹头本体 111 内部,与所述处理子模块 113 有线连接或无线连接,用以接收处理子模块 113 处理得到的处理后信息,并将处理后信息发送至接收模块 13。

接收模块 13 可以如图 7-3 所示设置在发射模块 12 内部,也可以设置在发射模块 12 外部与发射模块 12 分离。接收模块 13 与发送子模块 114 有线连接或无线连接,用以接收发送子模块 114 发送的处理后信息。

其中,接收模块 13 可以与终端设备连接,或者,接收模块 13 可以是终端设备内部的模块。接收模块 13 接收到处理后信息后,可以通过终端设备展现所述处理后信息。或者,终端设备可以对接收模块 13 接收到的信息进行再处理,再处理后的信息可以进一步收集存储或通过显示设备展现。

图 7-2 示出的是信息接收模块 13 设置在发射模块 12 内部的本实施例提供的装置的结构示意图。当信息发送子模块 114 与信息接收模块 13 通过无线连接时,发射模块 12 将采集弹头 11 发射至目标位置后,发射模块 12 与采集弹头 11 分离,通过无线信号收发环境信息。当信息发送子模块 114 与信息接收模块 13 通过有线连接时,发射模块 12 将采集弹头 11 发射至目标位置后,采集弹头 11 可以与发射模块 12 通过通信线路连接,通过通信线路收发环境信息。

通过本申请实施例提供的信息采集装置能通过将采集弹头发射至目标点的方式,使采集弹头采集目标点周围的信息,并通过处理模块对采集到的信息进行处理,以得到目标点周围的信息。本方案能高效低成本地采集目标点周围的信息,易于操作,对采集环境要求宽泛,能广泛适用于各种需要采集信息的场景。

较优的,基于上述实施例提供的装置,如图 7-3 所示,所述信息发送子模块 114 包括:通过无线电传输通路将所述处理后信息发送至信息接收模块 13 的无线电信息发送子模块 21。

其中,无线电是指在所有自由空间传播的电磁波,信息发送子模块 114 中的无线电信息发送子模块21与信息接收模块13通过无线电传输通路连接。无线电信息发送子模块21可以通过发送电磁波的方式将处理后信息发送至信息接收模块13，实现信息传输。

具体的，由采集子模块112采集所在环境的环境信息，并将环境信息发送至处理子模块113进行处理。其中，处理子模块113可以将采集到的环境信息处理为电信号，随后，由处理子模块113将处理得到的电信号发送至发送子模块114，由无线电信息发送子模块21将电信号转换为无线电信号发送至信息接收模块13。

较优的，基于上述实施例提供的装置，如图7-4所示，所述信息发送子模块114包括：通过可见光传输通路将所述处理后信息发送至信息接收模块13的可见光信息发送子模块31。

可见光传输通路可以为光纤，信息发送子模块113中的可见光信息发送子模块31通过光纤与信息接收模块13通信连接。

较优的，基于上述实施例提供的装置，所述可见光信息发送子模块31包括设置在所述采集弹头11尾部的发光二极管（Light Emitting Diode, LED）灯。

具体的，由采集子模块112采集所在环境的环境信息，并将环境信息发送至处理子模块113进行处理。其中，处理子模块113可以将采集到的环境信息处理为电信号，随后，由处理子模块113将处理得到的电信号发送至发送子模块114，由可见光信息发送子模块31将电信号转换为光信号，通过光纤发送至信息接收模块13。其中，可以由设置在采集弹头11尾部的LED灯将电信号转换为光信号，通过LED灯的亮灭将处理后信息通过光纤发送至接收模块13。

较优的，基于上述实施例提供的装置，如图7-5所示，所述信息接收模块13包括：通过可见光传输通路接收所述处理后信息的可见光信息接收子模块31；

所述可见光信息接收子模块31包括：用于通过所述可见光传输通路接收所述处理后信息的光电检测阵列41、用于对所述光电检测阵列接收到的信息执行放大的放大器42、用于对所述光电检测阵列接收到的信息执行解调的解调器43、用于对所述光电检测阵列接收到的信息执行解码的解码器44。

其中，信息发送子模块114中的可见光信息发送子模块31发送的光信号可以通过光纤传输至信息接收模块13。由信息接收模块13中的光电检测阵列41检测提取光纤中传输的光信号，并将光信号转换为电信号。随后，由放大器42对电信号进行放大处理，由解调器43对电信号进行解调处理，由解码器44对电信号进行解码处理。

通过本实施例提供的装置，信息接收模块13能将光纤中传输的由可见光信息发送子模块31发送的光信号提取为电信号，并对电信号执行放大、解调、解码等处理，以获得采集弹头11采集到的环境信息。

另外，本实施例提供的采集弹头11可以采集多种环境信息，如所在环境的图像信息、声音信息、温度信息、湿度信息、位置信息等。其中,收集到的多种环境信息可以通过多种传输方式发送。

较优的,基于上述实施例提供的装置,如图7-6所示,所述无线电信息发送子模块21包括:用于通过无线电传输通路向所述信息接收模块13发送经过所述处理子模块113处理的声音信息的声音信息发送子模块51。

无线电信号能在空气中传播,在地形较复杂的场景中,无线电信号能稳定传播,且传播距离广,可以通过设置在不同位置的多个信息接收模块接收。另外,无线电信号收发耗能低,有利于延长采集弹头的续航时间。通过无线电传输通路收发声音信息能高效快捷地实现信号传输,即使信息接收模块与采集弹头相距较远,传输的声音信息也能被稳定接收,适用范围广。

较优的,基于上述实施例提供的装置,如图7-7所示,所述可见光信息发送子模块31包括:用于通过可见光传输通路向所述信息接收模块13发送经过所述处理子模块113处理的图像信息的图像信息发送子模块61。

可见光传输通路具有频带宽、损耗低、抗干扰等优点。图像信息的数据量往往较大,由于可见光传输通路具有频带宽的优点,因此通过可见光传输通路传输图像信息能实现信息高效传输,为传输即时画面提供条件。另外,由于可见光传输通路具有损耗低、抗干扰的优点,因此通过可见光传输通路传输图像信息,能保证信息接收模块接收到的信息完整,处理得到的图像清晰。

较优的,基于上述实施例提供的装置,如图7-8所示,所述信息发送子模块114,包括用于对所述处理后信息执行调制编码的调制编码子模块71;所述信息接收模块13,包括用于对接收到的处理后信息执行解调解码的解调解码子模块72。

其中,信息发送子模块114中的调制编码子模块71可以对处理后信息执行调制和编码,并将调制和编码后的信息发送至信息接收模块13。或者,调制编码子模块71在对处理后信息执行调制和编码之后,再对经过调制编码的信息进行放大,将放大后的经过调制编码的信息发送至信息接收模块13。随后,信息接收模块13对接收到的处理后进行解调和解码,以得到处理后信息。

较优的,基于上述实施例提供的装置,如图7-9所示,所述采集子模块112包括:图像采集子模块81,用于采集所述采集模块所在位置周围的图像信息;和/或,声音采集子模块82,用于采集所述采集模块所在位置周围的声音信息。

较优的,所述图像采集子模块81中的摄像头包括宽光谱摄像头,所述宽光谱摄像头用于采集大于或等于400nm且小于或等于1400nm波段的图像。与可见光摄像头相比,宽光谱摄像头能采集到更多更准确的图像信息。例如,在夜晚光线较暗的场景下,宽光谱摄像头中的红外波段可以获取到相对清晰的环境图像信息。

声音采集子模块82可以包括麦克风,用以获取采集弹头所在环境的声音信息。较优的,上述麦克风可以具有降噪功能,在获取环境中的声音信息的过程中对干扰噪声进行过滤,仅保留重要的声音信息,优化采集到的信息。

通过本实施例提供的方案,能通过采集子模块中的图像采集子模块获取采集弹头所在环境的图像信息,能通过采集子模块中的声音采集子模块获取采集弹头所在环境的声音信息,从多个方面采集上述采集弹头所在环境的信息。

另外,发射模块12还可以包括用于显示采集到的图像信息的显示子模块。显示子模块可以为显示屏。或者还可以包括用于播放采集到的声音信息的扬声器。发射模块中还可以包括存储器,用于存储采集到的处理后信息。

发射模块还可以包括控制子模块,用于通过无线或有线的方式向采集弹头发送控制指令。控制指令可以包括部分功能的开启或关闭指令,如可以包括图像采集功能开启指令、声音采集功能关闭指令等。

需要说明的是,在本书中,术语"包括""包含"或者其任何其他变体意在涵盖非排他性的包含,从而使得包括一系列要素的过程、方法、物品或者装置不仅包括那些要素,而且还包括没有明确列出的其他要素,或者是还包括为这种过程、方法、物品或者装置所固有的要素。在没有更多限制的情况下,由语句"包括一个……"限定的要素,并不排除在包括该要素的过程、方法、物品或者装置中还存在另外的相同要素。

上面结合附图对本实用新型的实施例进行了描述,但是本实用新型并不局限于上述的具体实施方式,上述的具体实施方式仅仅是示意性的,而不是限制性的,本领域的普通技术人员在本实用新型的启示下,在不脱离本实用新型宗旨和权利要求所保护的范围情况下,还可做出很多形式,均属于本实用新型的保护之内。

7.2 一种环境探测设备

7.2.1 技术领域

本申请涉及信息采集领域,尤其涉及一种环境探测设备。

7.2.2 背景技术

在救援、抢险的过程中,往往需要对危险区域进行探测,在了解危险区域的内部情况后制定相应的计划,以降低人员、财产损失。

由于危险区域通常比较昏暗,现有技术中通常采用手电等照明设备提高待探测区域的亮度,从而观测内部环境。但在地下、山洞等野外环境,空气中往往还夹杂着烟雾、粉尘等细微颗粒,大量的颗粒阻碍光线的穿透,使得照明设备发出的光被阻挡,导致无法清晰地探测危险区域的内部细节。

7.2.3 实用新型内容

本申请实施例提供一种环境探测设备,用以解决现有技术中难以对复杂环境的内部情况进行探测的问题。

本申请实施例采用下列技术方案:

一种环境探测设备,包括:

(1) 光接收模块,包括光线入射端和光线出射端,所述光接收模块通过所述光线入射端接收来自待探测区域的光波,并且将接收的光线由所述光线出射端射出;

(2) 切换模块,在可见光模式与远红外模式之间切换;

(3) 分光模块,与所述光线出射端相对,并对所述光线出射端射出的光波进行分光以获得预设波段的光波;

其中,在可见光模式下,所述预设波段的最小值大于或等于400nm,所述预设波段的最大值小于或等于1200nm;在远红外模式下,所述预设波段的最小值大于或等于4000nm,所述预设波段的最大值小于或等于14000nm;

(4) 转换模块,将所述分光模块分光获得的所述预设波段的光波转换为图像信息。

较优的,所述分光模块,具体包括:波长调节器,设置所述预设波段的最小值和最大值。

较优的,所述接收模块,具体包括:广角镜头和所述广角镜头后焦面;所述广角镜头,利用折射性能将所述待探测区域的光波汇聚至所述广角镜头后焦面上。

较优的,所述接收模块,还包括:耦合透镜,利用折射性能将汇聚至所述广角镜头后焦面的光波再次汇聚至光纤传输束的前端面,以进行分光。

较优的,所述分光模块,具体包括:透射光栅,利用折射性能对接收到的光波进行分光。

较优的,所述分光模块,具体包括:反射光栅,利用反射性能对接收到的光波进行分光。

较优的,所述转换模块,具体包括:光电转换元件,将接收到的光波转换为电信号;处理器,将所述电信号处理为单帧图像。

较优的,所述设备还包括:声波发射模块,向所述待探测区域发射超声波;声波接收模块,接收所述待探测区域反射的所述超声波。

较优的,所述转换模块,还包括:声电转换元件,将接收到的声波转换为电信号。

较优的,上述设备中,所述预设波段的最大值与最小值的差值为300nm。

通过以上技术方案,本申请能根据待探测区域的实际情况,通过400~1200nm之间可见光预设波段以及8000~14000nm之间远红外预设波段,实现对待探测区域的探测。所选取的预设波段的光波能够降低光波被待探测区域中介质阻挡的情况。其中,波长为400~1200nm的光波能够在昏暗的环境下进行探测,获得清晰的图像信息。而8000~14000nm的远红外线具有较强的穿透性,能够在传播介质较差的粉尘、烟雾或其他充斥细小颗粒的环境下进行探测,从而增大接收到的光波强度,提高图像信息的清晰度。在复杂环境下,发出适应于待探测区域环境的光波,有效提高对复杂环境的探测能力。本申请通过不同波长的光波实现对待探测区域的探测,使探测出的图像细节清晰,展现的形态特征更全面。

7.2.4 附图说明

此处所说明的附图用来提供对本申请的进一步理解,构成本申请的一部分,本申请的示意性实施例及其说明用于解释本申请,并不构成对本申请的不当限定。在附图中:

图7-10 为本申请提供的一种环境探测设备结构示意图之一。
图7-11 为本申请提供的分光模块结构示意图。
图7-12 为本申请提供的一种环境探测设备结构示意图之二。
图7-13 为本申请提供的广角镜头光路示意图。
图7-14 为本申请提供的耦合透镜组光路示意图。
图7-15 为本申请提供的一种环境探测设备结构示意图之三。

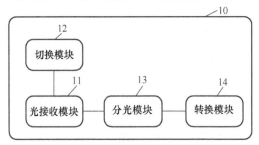

图7-10 环境探测设备结构示意图之一

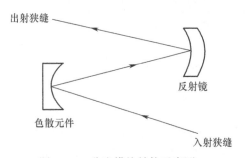

图7-11 分光模块结构示意图

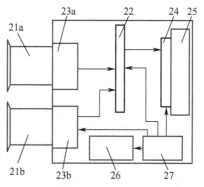

图 7-12 环境探测设备结构示意图之二

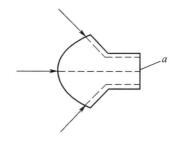

图 7-13 广角镜头光路示意图

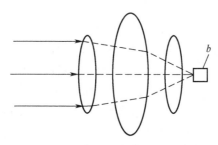

图 7-14 耦合透镜组光路示意图

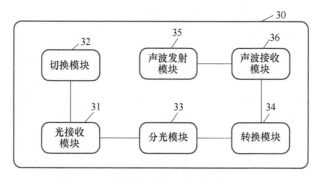

图 7-15 环境探测设备结构示意图之三

7.2.5 具体实施方式

为使本申请的目的、技术方案和优点更加清楚,下面将结合本申请具体实施例及相应的附图对本申请技术方案进行清楚、完整地描述。显然,所描述的实施例仅是本申请一部分实施例,而不是全部的实施例。基于本申请中的实施例,本领域普通技术人员在没有做出创造性劳动前提下所获得的所有其他实施例,都属于本申请保护的范围。

以下结合附图,详细说明本申请各实施例提供的技术方案。本申请提供的技术方案可以应用于烟尘、水雾浓度较高、充斥有毒有害气体等能见度较低的环境,尤其可以应用于火场环境。本申请提供的技术方案可以广泛应用于各种能见度较低的环境中,提高对环境信息的探测效率,获取环境信息,从而有效提高火场救援、水下救援的搜救效率。

1) 实施例 1

本申请提供一种环境探测设备 10,用以解决现有技术中难以对复杂环境的内部情况进行探测的问题,如图 7-10 所示,该设备包括光接收模块 11、切换模块 12、分光模块 13、转换模块 14。

光接收模块 11,包括光线入射端和光线出射端,所述光接收模块 11 通过所述光线入射端接收来自待探测区域的光波,并且将接收的光线由所述光线出射端射出。

由于待探测区域往往环境复杂,下面以火场探测为例进行说明。在火场中,任何燃料在燃烧时,会不同程度地向外产生热烟气,使得火场空气中充斥烟尘、水雾、有害气体等,其中粒径在 $0.01 \sim 10 \mu m$ 的细微固体颗粒物是遮蔽可见光并影响能见度的最主要因素。由待探测区域发出的光波在传输过程中受到上述烟雾的阻碍,光能损失较大。一部分光波由于光能消耗殆尽,无法从待探测区域中传出。对于波长较短的光波,如紫外线,在传播过程中与上述烟雾碰撞概率较大,光能损失速率较快,因此从待探测区域发出的紫外线较少。相比之下,在波长较长的红外线传播时有较大概率绕过烟雾,在传播过程中与上述烟雾碰撞的概率较小,光能损失速率较慢,因此与紫外线相比,从待探测区域发出的红外线较多。

本申请中的光接收模块 11 中的光线入射端朝向待探测区域方向,可以接收待探测区域的光波,由光线入射端接收到的光波可以直接通过光线出射端射出至分光模块 13 进行分光。另外,由光线入射端接收到的光波通过光线出射端射出之前,还可以经过透镜、反射镜等光学组件改变光路,以便从合适的角度通过光线出射端射出。为了提高对待探测区域的光波接收能力,扩大探测范围,本申请光接收模块 11 中可以采用光能量接收能力较强的、视场较大的光波接收元件,用于汇聚来源于待探测区域的光波。

切换模块12控制光接收模块11在可见光模式与远红外模式之间切换。其中,在可见光模式下,光接收模块11接收波长大于或等于400nm且小于或等于1200nm的光波;在远红外模式下,光接收模块11接收波长大于或等于8000nm且小于或等于14000nm的光波。具体的,上述光接收模块11可以包括CMOS镜头和远红外镜头,在可见光模式下采用CMOS镜头获取待探测区域波长为400~1200nm之间的光波,在远红外模式下采用远红外镜头获取待探测区域波长为8000~14000nm的光波。

分光模块13,与所述光线出射端相对,并对所述光线出射端射出的光波进行分光以获得预设波段的光波。其中,在可见光模式下,所述预设波段的最小值大于或等于400nm,所述预设波段的最大值小于或等于1200nm;在远红外模式下,所述预设波段的最小值大于或等于4000nm,所述预设波段的最大值小于或等于14000nm。

通常情况下,红外线是指700~1000nm波长的光波,在本方案中,不仅能够探测上述700~1000nm波长的红外线光波,也能够探测1000~1200nm的光波,以下将1000~1200nm的光波称为近红外光波,将8000~14000nm的光波称为远红外光波。由于波长较长的远红外、近红外光波比紫外线光波更容易穿透烟雾,因此波长较长的光波较紫外线光波更容易被探测。具体的,远红外与近红外相比较,远红外光波的波长比近红外线的波长更长,穿透烟雾的能力更好。当烟雾浓度较高时,通过探测远红外光波能够进一步探测火场内部环境。

其中,分光采用的具体装置此处不做限制。具体的,利用色散现象,将波长范围很宽的复合光分散开来,成为许多波长范围狭小的"单色光"。分光采用的具体装置如图7-11所示,包括入射狭缝、出射狭缝、反射镜和色散元件,待探测区域的光波经过汇聚,光路如图中箭头所示,通过入射狭缝到达色散元件,色散元件将上述光波分散为许多波长范围狭小的光线,再经过反射镜反射至出射狭缝,在出射狭缝处即可得到经过分光的待探测区域的光波。

上述色散元件可以选用衍射光栅,该光栅可以由大量等宽等间距的平行狭缝构成。具体的,该光栅可以为透射光栅,通过在玻璃片上刻出大量平行刻痕制成,刻痕为不透光部分,两刻痕之间的光滑部分可以透光,相当于狭缝。另外,该光栅也可以为反射光栅,利用两刻痕间的反射光衍射的光栅,在镀有金属层的表面上刻出许多平行刻痕,两刻痕间的光滑金属面可以反射光。上述分光采用的具体装置结构可以根据色散元件的不同而调整,且色散元件不局限于上述列出的透射光栅及衍射光栅,其他能够达到色散效果的装置均属于本方案保护的范围。

转换模块14,将所述分光模块13分光获得的所述预设波段的光波转换为图像信息。

该转换模块14可以将经过分光的预设波段的光波转换为图像信息呈现在具

有显示功能的电子设备上,该电子设备可以是手机、平板电脑、电视等。由光波转换出的图像在上述电子设备上可以呈现出待探测区域的结构细节。具体的,将接收到的光波转换为图像信息,可以采用光电转换装置进行上述转换。通过光电转换装置将目标探测波段的光子能量传递给电子使其运动从而形成电流。具体的可以是以硅、化合物半导体材料或非晶硅薄膜等材料为主体的固体装置,也可以使用光敏染料分子来捕获光子的能量,光电转换装置的具体结构此处不做限定。

上述环境探测设备可以应用于颗粒物较多的火场、较为浑浊的水下等能见度较低的环境。该设备可以设计为手持式、头戴式等便携形式,以便在探测过程中可以灵活调整探测角度,根据实际情况改变探测区域。在各种灾难中,火灾是威胁公共安全和社会发展的主要灾害之一,火灾带来的代价往往非常惨重,对社会安全和经济发展来说是危害极大。大量的火灾案例表明,建筑火灾产生大量烟雾,严重影响人员逃生,是造成群众和消防人员死伤的重要原因。对于消防人员,如果能够在火灾的初期或发生火灾后看清火场内部情况,争分夺秒地根据制定好的救援方案进行火场搜救,就能够有效避免火灾的扩大,减少人员伤亡和财产损失。

另外,该设备也可以设计为固定式,可以固定在电子设备较多的机房、控制中心等区域,以电子设备为目标探测区域,通过探测电子设备表面的远近红外变化,可以间接获知电子设备的温度,进而监测电子设备的运行状况,及时识别故障位点,起到安全监测的作用,以便及时排除安全隐患。相类似的,该设备还可以设置于家中,用于防火防盗。例如,在深夜有人员入室,该设备能够识别到进入人员表面辐射的红外线的反射情况,从而确定该进入人员的移动轨迹、外貌特征等;当确认该进入人员为陌生人员时,可以及时通知房主或进行报警,从而防止入室盗窃、抢劫等。该设备也可以配合有线或无线连接方式,将获取到的画面传输至其他具有显示功能的移动设备,如手机、平板电脑等,以便随时查看目标探测区域的状况。该设备内部还可以集成有处理器,可以设置监控时段、报警条件等。

由于本方案中可探测光波波段为 400~1200nm 和 8000~14000nm,在实际使用过程中,可以根据待探测区域的实际环境状况选取目标探测波段。具体选取目标探测波段的方式可以参照以下事例。

(1) 事例1:

对于烟尘、水雾浓度较低的火场,可以选取 400~700nm 之间的可见光波段。当烟尘、水雾浓度较低时,由待探测区域发出的可见光在传播过程中受到的影响较小,较容易被探测到。在这种情况下,可以依据 400~700nm 之间的可见光探测火场内物体的具体轮廓,从而确定道路是否畅通、建筑物是否完整等,从而制定较优的救援计划。

(2) 事例2:

对于烟尘、水雾浓度较高的火场,可以选取 700~1200nm 之间的红外线波段。

当火场存在较多橡胶、塑料制品,燃烧后会产生较多的烟尘、水雾。此时由待探测区域发出的可见光在传播过程中受到的影响较大,由于可见光波长往往小于700nm,在传播过程中碰撞烟尘、水雾的概率较大,受到阻碍较多,光能损失速率较快。由待探测区域发出的可见光较难被探测到。在这种情况下,可以依据700~1200nm之间的红外线了解待探测区域的热能分布。通常情况下,红外线与热能相关,温度较高的位点发出的红外线较多,温度较低的位点发出的红外线较低。红外线在传播过程中,受到烟尘、水雾一定程度的阻碍作用,探测到的红外线大多来源于起火点。根据700~1200nm之间的红外线能够在烟尘、水雾浓度较高的火场以较快的速度探测到起火点,以便有针对性地对起火点进行扑救,并制定较优的救援路线避开起火点,提高救援的速度。

(3) 事例3:

对于烟尘、水雾浓度过高,通过红外线难以探测火场环境的情况,可以选取8000~14000nm之间的近红外光波波段。当烟尘浓度过高,由待探测区域发出的红外线难以被探测到时,可以选择8000~14000nm的远红外光波波段进行探测,远红外光波的波长比红外线光波更长,穿透烟尘、水雾的能力更强,被探测到的概率更高。因此,在烟尘、水雾浓度过高时,可见光及近红外光波均难以被探测到的情况下,可以根据远红外光波探测待探测区域,获取火场内部有限的环境信息,以便根据环境信息制定救援路线。

上述列出的事例仅为参考事例,在实际救援过程中,可以根据待探测区域的实际情况选择合适的波段,如选取目标探测波段为600~900nm或800~1100nm等,从而同时参照可见光、红外线以及远红外线对火场环境进行探测。而且,随着火势的变化可以对上述目标探测波段进行实时调整,当火势减小、烟雾浓度降低时可以适当调低目标探测波段;当火势增大、烟雾浓度提高时可以适当提高目标探测波段。

通过以上技术方案,利用波长为400~1200nm、波长为8000~14000nm的光波对火场环境进行探测。其中,光接收模块11的可见光模式能够在火势较小的火场探测环境情况,可以探测到火场内物体的轮廓。而光接收模块11的远红外模式接收到的光波波长较长,在烟雾环境下具有较好的穿透性,能够在烟雾浓度较高的火场探测环境情况。本申请提供的方案能够根据待探测区域的环境状况选取目标探测波段,依据实际情况调整光波波段,从而获得待探测区域的图像信息,以便从各个方面实现对待探测区域的探测,充分了解待探测区域的环境情况。

2) 实施例2

基于上述实施例,参见图7-12,本申请还提供一种环境探测设备,具体的,本设备的光接收模块可以包括红外镜头21a和CMOS镜头21b。其中,红外镜头21a可以接收目标探测区域8000~4000nm波长的光波,CMOS镜头21b可以接收目标探测区域400~1200nm波长的光波。相对应的,分光模块可以包括红外分光模块23a和可见光分光模块23b,其中:红外分光模块23a对红外镜头21a接收到的8000~14000nm波长的光波进行分光;可见光分光模块23b对CMOS镜头21b接收到的400~1200nm波长的光波进行分光。由切换模块22控制本设备在可见光模式与远红外模式之间切换,当处于可见光模式时,切换模块22将CMOS镜头接收到的经过分光的光波传送至转换模块24;当处于远红外模式时,切换模块22将远红外镜头接收到的经过分光的光波传送至转换模块24。转换模块24将接收到的经过分光的光波转换为电信号,可以通过显示模块25以画面的形式展现。本申请还可以包括毫米波通信模块26,可以用于发送上述电信号,或者,接收远程控制指令。在实际使用过程中,探测人员可以利用遥控装置发送远程控制指令至该设备。远程控制指令可以包括有开启或关闭设备指令,模式切换指令、波长调节指令等。遥控装置中可以设置有显示模块,用于以图像的形式呈现目标探测区域的画面。本设备中还可以包括有电源模块27,该电源模块可以根据各个模块的实际需求提供电能,保证各模块在所需电压下工作。

  本申请中的分光模块具体可以包括波长调节器,设置所述预设波段的最小值和最大值。该预设波长可以进行探测之前预先设置,也可以在探测过程中根据探测的实际情况进行调整,具体的可以通过旋钮、按键等形式进行调节。对于上述目标探测波段,若最大值与最小值的差值过小,生成的图像信息中图像细节过少,多呈现为颜色差异度较小的斑块,难以辨别具体环境情况。若最大值与最小值的差值过大,一方面,受到技术工艺的限制,实际应用中难以实现;另一方面,差值过大时环境信息过多,画面中有可能同时包括可见光信息及红外线等非可见光信息,难以分辨呈现的图像是物体的实际外貌还是热能分布。因此,所述预设波段的最大值与最小值的差值为300nm,在实际应用过程中,可以根据实际需求对该数值进行调整,如目标探测波段的差值可以为250nm、350nm等,从而通过较优的光波波段对待探测区域内部环境进行探测,以便分析待探测区域内部环境情况。

  另外,上述接收模块,具体包括:广角镜头和所述广角镜头后焦面;所述广角镜头,利用折射性能将所述待探测区域的光波汇聚至所述广角镜头后焦面上。利用广角镜头的折射性能将所述待探测区域的光波汇聚至所述广角镜头后焦面,以汇聚所述来源于待探测区域的光波。具体的,广角镜头可以为鱼眼镜头,如图7-13所示,假设该广角镜头左侧为待探测区域,光波由左向右传播。在广角镜头中的光路由虚线示出,入射及出射光波由箭头表示,由图可知,广角镜头可探测的范围接近180°,探测范围较广,基于广角镜头的结构,该广角镜头能有效将待探测区域发出的光波汇聚到广角镜头的后焦面a上,对上述光波实现汇聚作用。上述广角镜头能够扩大对待探测区域的探测范围,通过汇聚来源于待探测区域的光波增大实际探测面积,有效提高火场环境探测效率。

基于上述广角镜头,本申请中所述接收模块,还包括:耦合透镜,利用折射性能将汇聚至所述广角镜头后焦面的光波再次汇聚至光纤传输束的前端面,以进行分光。利用耦合透镜的折射性能将汇聚至所述广角镜头后焦面的光波再次汇聚至光纤传输束的前端面,以进行分光。如图7-14所示,上述耦合透镜组可以如图中所示,由多个凸透镜组合而成,入射光线如图中箭头所示,该光线由待探测区域发出,经过上述广角镜头汇聚,由于凸透镜具有汇聚光波的作用,上述光波经过透镜组中透镜的再次汇聚,最终汇聚在光纤传输束b的前端面,以便通过光纤传输束传输并进行分光。对于该耦合透镜组,在实际应用过程中也可以根据实际使用需求选取不同数量的凸透镜或凹透镜,按照实际需求进行组合。

通过上述耦合透镜组对经过广角镜头汇聚的光波再次汇聚,能够进一步提高来源于待探测环境的光波的集成度,在保证精度的同时缩小光波呈现在光纤传输束前端面上的面积,提高光纤传输束的传输效率。

在分光模块中,由光纤传输束b传出的光波经光谱分光系统的入射狭缝投射到其色散元件上,从而被分解为一系列的光谱谱线。在本申请中可以根据实际待探测区域的情况调节成像波段,得到最佳成像效果。基于光谱空间分布以及探测范围,本方案采用一套光栅分光系统调节目标探测波段,以便实现对目标探测波段的精准调节。具体的,该分光模块内可以包括有透射光栅,利用折射性能对接收到的光波进行分光;或者,该分光模块内可以包括有反射光栅,利用反射性能对接收到的光波进行分光。除此之外,分光模块中也可以将透射光栅与反射光栅结合。例如,首先通过反射光栅进行首次分光,随后通过透射光栅进行二次分光,以便获得预设波段的光波,提高分光精度。另外,根据设备的结构、尺寸选择透射光栅、反射光栅或两种光栅相结合的结构能够缩减上述设备的尺寸。例如,在手持型探测设备中采用反射光栅,能尽量缩短设备的长度,使设备轻便、灵活。

本设备中的转换模块能将接收到的光波转换为图像,该转换模块具体包括:光电转换元件,将接收到的光波转换为电信号;处理器,将所述电信号处理为单帧图像。

其中,光电转换元件可以是互补金属氧化物半导体感光元件(Complementary Metal Oxide Semiconductor,CMOS),该元件是电压控制的一种放大器件,数字影像领域主要用于制作数码器材的感光元件。相类似的,该感光元件也可以选用电荷耦合元件(Charge-Coupled Device,CCD)。相比之下,CCD与CMOS图像传感器光电转换的原理相同,但CMOS制作工艺较简单,集成度较高,输出速度快,且造价低寿命长。

上述CMOS感光元件通过不同的时钟输入来接收不同波长的电磁波,上述处理器可以对接收到的电磁波进行处理,从而得到单帧图像。在处理过程中,处理器可以利用基于四阶累积量的自适应滤波器过滤高斯噪声,提取与所述光波对应的周期信号,将所述周期信号转化为单帧图像。由于实际待探测区域环境复杂,背景光干扰较大,探测设备固有噪声以及阵列器件非线性等因素制约了探测的精准度,限制了信噪比的提高。在具体的实施过程中,可以采用最小均四阶矩(Least Mean Fourth,LMF)空间自适应背景预测算法对上述干扰杂波进行一定程度的抑制,并通过基于四阶累积量的自适应滤波器(Forth Cumulant-Based Adaptive Filter,FCBAF)消除高斯噪声的影响。在具体实施过程中,本步骤可以在可编程逻辑器件(FPGA)中具体实施。通过上述方案能有效消除高斯噪声对上述光波的影响,将深埋于噪声中的周期信号提取出来,降低噪声干扰,提高图像清晰度,提高了系统对待探测区域的识别能力。

另外,处理器还可以通过 Retinex 超分辨率图像处理算法对得到的数字视频文件进行增强处理,使图像更加清晰,细节更加丰富。它有效地抑制了系统及背景噪声、增强图像显示效果,极大地提高了系统对火场目标的识别能力。在具体实施过程中,本步骤可以在 FPGA 中具体实施。

具体的,处理器具体可以包括滤波模块和增强模块。其中,滤波模块可以采用最小均四阶矩(Least Mean Fourth,LMF)空间自适应背景预测算法实现对杂波的抑制,利用基于四阶累积量的自适应滤波器(Forth Cumulant-Based Adaptive Filter,FCBAF)消除高斯噪声的影响。增强模块可以通过 Retinex 超分辨率图像处理算法对得到的数字视频文件进行增强处理,使图像更加清晰,细节更加丰富。上述图像处理模块有效地抑制了系统及背景噪声、增强图像显示效果,极大地提高了系统对火场目标的识别能力。

3)实施例 3

基于上述实施例,参见图 7-15,本设备还可以包括:声波发射模块 35,向所述待探测区域发射超声波;声波接收模块 36,接收所述待探测区域反射的所述超声波。具体的,声波发射模块 35 可以向目标探测区域发出 15000Hz 以上的超声波,在传播至目标探测区域的物体时,该超声波反射回本设备的声波接收模块 36,通过计算发出超声波与接收超声波的时间差,计算目标探测区域物体与本设备之间的距离。上述声波探测可以应用于水下等危险区域,在不接触目标探测区域物体的情况下,实现对该物体外形、运动轨迹等信息的探测。

相应的,本设备中转换模块 34 还包括:声电转换元件,将接收到的声波转换为电信号。经过该声电转换元件 34 转换获得的电信号可以与由光波转换获得的电信号相结合,结合光波、声波两种形式从不同方面呈现目标探测区域的实际情况。本设备能够对水下、烟雾环境等复杂的环境进行探测,结合声波和光波充分展现目标探测区域的情况。

本申请提供的环境探测设备还可以包括有通信模块,用于将经过处理的图像信息发送至其他具有显示功能的电子设备中。具体的,发送上述图像信息的方式此处不做限制,可以选用有线连接方式,也可以选用无线连接方式。由于火场内温度较高,数据线普遍耐热性能不佳,因此无线连接方式较优。无线连接方式可以包括蓝牙、WIFI等,其中,较优的可以采用WIFI进行通信,数据传输速度快、受干扰程度较小。控制中心具体可以通过显示器呈现接收到的图像信息,根据该图像信息向探测设备发送控制指令,该控制指令可以包括调整目标探测波段。发送的控制指令可以是文字指令、语音指令等,该指令可以被上述通信模块接收。另外,控制中心也可以根据呈现出的图像信息进行当前画面调整,如画面对比度、亮度、缩放等。对于当前画面调整的相关指令可以不发送至探测设备处,仅在控制中心内进行调整,用以优化上述图像信息,进一步提取图像中的关键信息,获取火场的环境细节,从而制定较优的救援计划。

对于上述环境探测设备,可以包括有显示模块,用于实时显示待探测区域在目标探测波段的图像信息,但待探测区域内部环境复杂能见度低,难以观测到显示模块呈现的图像细节。因此,较优的将探测到的图像信息发送至控制中心,根据控制中心发送的控制指令调整预设波段,以便通过较优的光波波段对待探测区域内部环境进行探测。

另外,控制中心可以同时与多个探测设备进行通信,即实时接收来源于多个探测设备的图像信息。多个探测设备可以位于待探测区域的不同位置,根据多个探测设备从不同方位实现对待探测区域的观测,能够对比分析出该待探测区域的实际情况,从而多角度多方面地获取环境信息。

除此之外,本身请提供的探测设备还可以包括有发光模块,该模块可以发出波长为400~1200nm以及8000~14000nm的光波,在待探测区域昏暗是可以利用可见光波段实现照明,还可以利用非可见光波段强化探测设备对于待探测区域的探测效果,使获得的图像信息更清晰。

本申请提供的探测设备还可以包括有电源模块,为上述用电的模块提供稳定的工作电压,保证上述模块在所需电压下正常工作。该电源模块实际提供的电流形式与电压值可以根据实际需求设置。

通过上述技术方案,本申请利用波长为400~1200nm、8000~14000nm的光波以及超声波对待探测区域进行多波段的光谱检测。由于上述光谱响应范围广,分辨率高,波长较长的光波能够通过高密度的溶剂蒸汽和烟雾,利于清晰观察待探测区域内部情况。另外,本申请能够根据待探测区域的环境状况选取目标探测波段,依据实际情况调整光波波段,从而调整图像信息,以便从各个光波波段进行观测,充分了解环境情况,进而有效地提高灾害搜救效率,减少人员伤亡和财产损失。

以上仅为本申请的实施例而已,并不用于限制本申请。对于本领域技术人员来说,本申请可以有各种更改和变化。凡在本申请的精神和原理之内所做的任何修改、等同替换、改进等,均应包含在本申请的权利要求范围之内。

7.3 一种智能地锁和车辆识别系统

7.3.1 技术领域

本实用新型涉及停车管理领域,尤其涉及一种智能地锁和车辆识别系统。

7.3.2 背景技术

目前,部分停车场通过人工看管、车牌识别的方式对车辆进行出入管理。但是,对于进入停车场的车辆,难以监管停放的位置。部分未授权车辆停放在他人的固定车位内,导致车辆停放混乱,不便于管理。

部分车位内安装地锁,车辆进入车位和离开车位时需要人工控制地锁开关,虽然能避免未授权车辆停放在车位内,但操作过程烦琐不便捷。

如何避免非授权车辆停放在车位内,是本申请所要解决的技术问题。

7.3.3 实用新型内容

本申请实施例的目的是提供一种智能地锁和车辆识别系统,用以解决非授权车辆停放在车位内的问题。

第一方面,提供了一种智能地锁,包括:

(1)感光模块,用于接收待停放车辆的车灯发出的光信号;

(2)与所述感光模块通信连接的处理模块,用于对接收到的所述光信号进行识别处理,并根据识别结果向控制模块发送控制信号;

(3)与所述处理模块通信连接的控制模块,用于根据接收到的所述控制信号控制安装在车位内地锁的开闭状态。

较优的,基于第一方面所述的地锁,所述感光模块,用于:接收待停放车辆的头灯和/或尾灯发出的光信号。

较优的,基于第一方面所述的地锁,所述处理模块,用于:根据接收到的所述光信号的频率识别所述待停放车辆,根据所述待停放车辆的权限向控制模块发送控制信号。

较优的,基于第一方面所述的地锁,还包括:与所述处理模块通信连接的摄像头,用于获取所述待停放车辆的外观图像;所述处理模块,用于根据所述待停放车辆的外观图像和接收到的所述光信号进行识别处理,并根据识别结果向控制模块发送控制信号。

较优的,基于第一方面所述的地锁,所述处理模块与所述地锁通信连接,用于对接收到的所述光信号进行识别处理,并根据识别结果以及所述地锁的开闭状态向控制模块发送控制信号。

较优的,基于第一方面所述的地锁,所述处理模块用于:在接收到的所述光信号满足预设条件,且所述地锁处于关闭状态时,向控制模块发送包含开启指令的控制信号;在接收到的所述光信号满足预设条件,且所述地锁处于开启状态时,向控制模块发送包含关闭指令的控制信号。

较优的,基于第一方面所述的地锁,所述感光模块,用于:以预设时长为间隔接收待停放车辆的车灯发出的光信号。

较优的,基于第一方面所述的地锁,所述安装在车位内的地锁为电动地锁。

较优的,基于第一方面所述的地锁,还包括:电源,用于为所述感光模块、处理模块以及控制模块提供电能。

第二方面,提供了一种车辆识别系统,包括设置在车位内的如第一方面所述的智能地锁。

在本申请实施例中,通过感光模块接收待停放车辆的车灯发出的光信号,与感光模块通信连接的处理模块对上述光信号进行识别处理,并根据识别结果向控制模块发送控制信号,与处理模块通信连接的控制模块根据接收到的控制信号控制安装在车位内的地锁。通过本方案能通过待停放车辆的车灯发出的光线对待停放车辆实现身份认证,从而保证停入车位的车辆是授权车辆。本申请实施例提供的智能地锁能自动识别待停放车辆,无须人工操作,使停车过程简单便捷。

7.3.4 附图说明

此处所说明的附图用来提供对本实用新型的进一步理解,构成本实用新型的一部分,本实用新型的示意性实施例及其说明用于解释本实用新型,并不构成对本实用新型的不当限定。在附图中:

图 7-16 是本实施例提供的一种智能地锁的结构示意图之一;
图 7-17 是本实施例提供的一种智能地锁的应用场景示意图;
图 7-18 是本实施例提供的一种智能地锁的结构示意图之二。

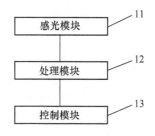

图 7-16 智能地锁的结构示意图之一

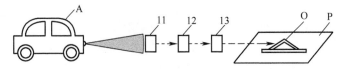

图 7-17　智能地锁的应用场景示意图

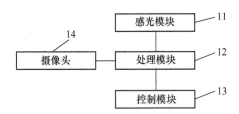

图 7-18　智能地锁的结构示意图之二

7.3.5　具体实施方式

下面将结合本实用新型实施例中的附图,对本实用新型实施例中的技术方案进行清楚、完整地描述。显然,所描述的实施例是本实用新型一部分实施例,而不是全部的实施例。基于本实用新型中的实施例,本领域普通技术人员在没有做出创造性劳动前提下所获得的所有其他实施例,都属于本实用新型保护的范围。本申请中附图编号仅用于区分方案中的各个步骤,不用于限定各个步骤的执行顺序,具体执行顺序以说明书中描述为准。

随着人们生活水平的日益提升,汽车作为一种代步工具已经进入了千家万户,汽车保有量也在大幅度的增加。目前许多车主通过传统的人工看管的形式进行车辆管理,或者通过自动升降式的车门等简单的电子设备管理,车辆管理不便捷。

目前,许多小区车库使用手动车锁,或者利用地锁来对车库车辆进行管理,管理人员需要对每辆车进行登记。当停车场面积较大时,车辆出入频繁,需要登记的车辆多,消耗人力资源大。因此,提高停车便捷性是十分必要的。

为了解决现有技术中存在的问题,本实施例提供一种智能地锁,如图 7-16 所示,包括:

(1) 感光模块 11,用于接收待停放车辆的车灯发出的光信号;

(2) 与所述感光模块 11 通信连接的处理模块 12,用于对接收到的所述光信号进行识别处理,并根据识别结果向控制模块 13 发送控制信号;

(3) 与所述处理模块 12 通信连接的控制模块 13,用于根据接收到的所述控制信号控制安装在车位内地锁的开闭状态。

图 7-17 示出了本实施例提供的智能地锁的应用场景示意图,待停放车辆 A

的车灯发出的光信号如图7-17中点状阴影所示。感光模块11可以是摄像头或其他感光设备,感光模块11接收待停放车辆A车灯发出的光信号。而后,感光模块11可以将接收到的光信号通过有线或无线的方式发送给处理模块12,以便处理模块12对接收到的光信号进行识别处理,并根据识别结果向控制模块13发送控制信号。而后,控制模块13根据接收到的控制信号控制安装在车位P内地锁O的开闭状态。

较优的,图7-17中的感光模块11、处理模块12、控制模块13均可以设置在停车位内的地锁内部。

本实施例提供的智能地锁能接收待停放车辆发出的光信号,并根据接收到的光信号对停车位内的地锁进行控制。具体应用中,可以预先对车辆发出的光信号进行登记,从而通过光信号识别车辆的身份,在待停放车辆发出的光信号是已经登记的光信号的情况下,判断待停放车辆是已经登记的合法车辆,通过信号控制车位内的地锁打开,使待停放车辆停放至车位内。本实施例提供的智能地锁能实现智能化车辆管理,车辆能高效便捷地停放至相对应的车位,避免乱停乱放。由于本实施例提供的智能地锁能通过车辆发出的光信号进行车辆识别,识别准确率高,避免由于人工失误而导致的管理错误等问题,能高效便捷地实现车辆管理。

较优的,基于上述智能地锁,所述感光模块11,用于:接收待停放车辆的头灯和/或尾灯发出的光信号。

上述感光模块11接收到的待停放车辆发出的光信号可以来自待停放车辆的头灯或尾灯。在实际应用中,为了提高接收到的光信号的质量,上述感光模块可以设置在与车灯等高的水平面上。举例来说,感光模块可以通过支架立设在停车位的边沿处。当车位靠近墙壁时,感光模块可以安设在墙壁上与车灯等高的位置。由于待停放车辆往往是从车位侧方停入车位或者倒入车位内,较优的,上述感光模块可以设置在矩形停车位的短边侧,如设置在停车位挡轮杆中央处。当车辆从侧方停入车位或倒入车位的过程中,尾灯发出的光往往能照射到车位挡轮杆,从而照射到感光模块,以便车位内的地锁及时打开。

本申请实施例提供的智能地锁能在待停放车辆停入车位的过程中,根据接收到的光信号控制车位内的地锁的开关状态,提高车辆停放至停车位的便捷性。与此同时,由于对待停放车辆发出的光信号进行接收并进行识别处理,实现车辆身份认证,保证停入车位的车辆是授权车辆,实现车辆停放管理。

较优的,基于上述智能地锁,所述处理模块12,用于:根据接收到的所述光信号的频率识别所述待停放车辆,根据所述待停放车辆的权限向控制模块13发送控制信号。

通常情况下,由于不同的待停放车辆的车灯类型、数量、功率不同,所以不同的待停放车辆的车灯发出的光信号的频率不同。当待停放车辆的车灯是发光二极管

(Light Emitting Diode,LED)时,可以根据LED车灯发出光信号的频率来识别待停放车辆。

举例来说,住宅小区的停车场可以预先对小区内住户的车辆车灯发出的光信号进行记录,并同时记录与光信号相对应的车辆信息、车主信息等标识信息。在待停放车辆发出的光信号被感光模块接收到时,通过处理模块对接收到的光信号进行识别处理,以识别待停放车辆是否是住宅小区内住户的车辆。如果光信号是已经登记的光信号,则确定待停放车辆是住宅小区内住户的车辆,控制车位内的地锁打开,以便待停放车辆停入停车位。如果光信号不是已经登记的光信号,则确定待停放车辆是陌生车辆,不打开停车位内的地锁,避免待停放车辆停入停车位。

通过本实施例提供的方案,能通过接收到的光信号对待停放车辆进行智能识别,能便捷高效识别待停放车辆的身份。允许授权车辆能快速停入停车位,阻止非授权车辆停入停车位。

较优的,基于上述智能地锁,如图7-18所示,还包括:与所述处理模块12通信连接的摄像头14,用于获取所述待停放车辆的外观图像;所述处理模块12,用于根据所述待停放车辆的外观图像和接收到的所述光信号进行识别处理,并根据识别结果向控制模块13发送控制信号。

为了进一步提高识别准确性,本实施例提供的智能地锁还包括与处理模块通信连接的摄像头,该摄像头可以是单个摄像头,也可以是包含多个摄像头的摄像头组。举例来说,本实施例所述的摄像头可以包括可见光摄像头,也可以包括红外摄像头、3D摄像头等。该摄像头可以用于拍摄待停放车辆的外观图像,外观图像可以包括车辆的外形、车漆颜色等。

获取的待停放车辆的外观图像能体现出车辆的外观特征,能作为辅助信息提高处理模块识别处理的准确性。进一步的,还可以将摄像头设置在停车位周围的多个位置,以获取更多、更准确的待停放车辆的特征。举例来说,停车位正上方可以设置向下拍摄的摄像头,用以获取车顶图像。停车位短边设置的摄像头可以获取车辆正面或背面的图像。停车位长边设置的摄像头可以获取车辆侧面的图像。

处理模块可以根据获取到的待停放车辆的外观图像,结合接收到的光信号进行车辆身份信息识别,在待停放车辆是授权车辆的情况下,向控制模块发送控制信号,以打开停车位内的地锁,使待停放车辆停放至停车位内。

通过本实施例提供的方案,根据待停放车辆的外观图像以及待停放车辆发出的光信号进行识别,能提高识别待停放车辆的准确性。识别过程中无须人工参与,能自动高效地实现识别并根据识别结果控制停车位内的地锁开闭,实现车辆管理。

较优的,基于上述智能地锁,所述处理模块与所述地锁通信连接,用于对接收到的所述光信号进行识别处理,并根据识别结果以及所述地锁的开闭状态向控制模块13发送控制信号。其中,处理模块可以通过有线或无线的方式与地锁通信连接,处理模块可以获取地锁当前所处的开闭状态,并根据光信号的识别处理结果与地锁当前所处的开闭状态对停车位内的地锁进行控制。

通过本实施例提供的方案能结合地锁所处的状态进行控制,避免处理模块向地锁发送冲突的、重复的控制信号,避免指令冲突和控制错误。

较优的,基于上述智能地锁,所述处理模块12用于:在接收到的所述光信号满足预设条件,且所述地锁处于关闭状态时,向控制模块13发送包含开启指令的控制信号;在接收到的所述光信号满足预设条件,且所述地锁处于开启状态时,向控制模块发送包含关闭指令的控制信号。

本申请实施例中,预设条件可以根据实际需求设置。举例来说,对于住宅小区内的停车场,预先登记小区住户的车辆发出的光信号。当处理模块接收到的光信号是已经登记的光信号时,确定所述光信号满足预设条件。如果接收到的光信号是未登记的光信号,则确定所述光信号不满足预设条件。

其中,地锁处于开启状态也可称为开锁状态,此时车辆可以从停车位外部驶入停车位内实现车辆停放,且车辆停放在停车位过程中地锁均应处于打开的状态。地锁处于关闭状态也可称为落锁状态,此时车辆无法从停车位外部驶入停车位,地锁起到占据停车位的所用。

具体的,在接收到的光信号满足预设条件的情况下,根据地锁所处的状态进行控制。当地锁处于关闭状态时,可能是该车位车主正要将车辆停入停车位,此时处理模块可以发送包含开启指令的控制信号,以控制地锁开启,以便待驶入车辆停放至停车位内。当地锁处于开启状态时,可能是该车位车主正要驾驶车辆离开停车位,此时处理模块可以发送包含关闭指令的控制信号,以便控制地锁在车辆驶离停车位后关闭地锁,以占据该停车位,避免其他车辆非法停放在该车位。

通过本实施例提供的方案,能结合地锁当前所处的状态以及接收到的光信号对地锁发送控制信号,实现高效准确控制地锁,避免发送重复的控制信号,避免控制错误。

较优的,基于上述智能地锁,所述感光模块11,用于:以预设时长为间隔接收待停放车辆的车灯发出的光信号。

本申请实施例提供的智能地锁中,感光模块能周期性接收光信号,这样不仅能降低地锁能耗,还能避免地锁频繁切换开闭状态。

举例来说,设定智能地锁的感光模块以1min时长为间隔,周期性接收光信号。假设地锁当前处于关闭落锁状态,待停放车辆的车灯发出的光信号照射在感光模块上。此时感光模块将接收到的光信号传输给处理模块进行处理,在识别通过的情况下控制模块控制地锁打开,地锁打开后的1min内待停放车辆可以停入该车位。

在实际应用过程中,由于车辆停放至车位的过程以及车辆驶离车位的过程中,车灯均可能持续照射到感光模块。通过本申请实施例提供的方案,感光模块以一段时长为间隔接收光信号,能避免频繁向处理模块传输光信号,进而避免控制模块频繁控制地锁开闭,提高地锁易用性。另外,在保证识别功能的前提下,还能进一步降低能耗。

较优的,基于上述智能地锁,所述安装在车位内的地锁为电动地锁。电动地锁能根据控制模块发出的控制信号自动调整自身的开闭状态,无须人工接触地锁即可实现自动打开或自动关闭,进一步提高便捷性。

较优的,基于上述智能地锁,还包括:电源,用于为所述感光模块 11、处理模块 12 以及控制模块 13 提供电能。

本实施例提供的智能地锁中的各个模块可以由市电供电,也可以由可充电电池供电。其中,由市电供电的智能地锁能广泛适用于小区停车场、商圈停车场、办公停车场等。该停车场可以是地下停车场,也可以是地面露天停车场或停车楼等。由于上述停车场长时间用于停车,安装在停车场停车位内的智能地锁可以长期使用。可以将供电线路设置在地面以下,供电线路不易损坏,使智能地锁在稳定的市电供能下运行,寿命较长不易损坏。

为了解决现有技术中存在的问题,本申请实施例还提供一种车辆识别系统,其特征在于,包括设置在车位内的如上述任一种实施例所述的智能地锁。

车辆识别系统还可以包括设置在待停放车辆内的光源,另外还可以包括用于存储光信号的服务器以及用于支持通信功能的线路和相关设备。

在实际应用中,可以由工作人员监管车辆识别系统的运行状态。举例来说,工作人员可以通过显示设备查看停车场内各个停车位的车辆停放状态,对于停放着车辆的停车位还可以查看停放车辆的信息。另外,工作人员可以根据实际需求手动调整地锁状态,对于出现异常的地锁及时进行检修更换。

较优的,车辆识别系统可以对出现异常的智能地锁进行识别,并在识别到智能地锁出现异常时向工作人员发送异常的智能地锁的位置和异常信息,以便工作人员及时维护检修。

在本申请实施例中,通过智能地锁的感光模块接收待停放车辆的车灯发出的光信号,与感光模块通信连接的处理模块对上述光信号进行识别处理,并根据识别结果向控制模块发送控制信号,与处理模块通信连接的控制模块根据接收到的控制信号控制安装在车位内的地锁。通过本方案能通过待停放车辆的车灯发出的光线对待停放车辆实现身份认证,从而保证停入车位的车辆是授权车辆。本申请实施例提供的智能地锁能自动识别待停放车辆,无须人工操作,使停车过程简单便捷。

需要说明的是,在本书中,术语"包括""包含"或者其任何其他变体意在涵盖非排他性的包含,从而使得包括一系列要素的过程、方法、物品或者装置不仅包括那些要素,而且还包括没有明确列出的其他要素,或者是还包括为这种过程、方法、物品或者装置所固有的要素。在没有更多限制的情况下,由语句"包括一个……"限定的要素,并不排除在包括该要素的过程、方法、物品或者装置中还存在另外的相同要素。

通过以上的实施方式的描述,本领域的技术人员可以清楚地了解到上述实施例方法可借助软件加必需的通用硬件平台的方式来实现,当然也可以通过硬件,但很多情况下前者是更佳的实施方式。基于这样的理解,本实用新型的技术方案本质上或者说对现有技术做出贡献的部分可以以软件产品的形式体现出来,该计算机软件产品存储在一个存储介质(如 ROM/RAM、磁碟、光盘)中,包括若干指令用以使得一台终端(可以是手机、计算机、服务器、空调器或者网络设备等)执行本实用新型各个实施例所述的方法。

上面结合附图对本实用新型的实施例进行了描述,但是本实用新型并不局限于上述的具体实施方式,上述的具体实施方式仅仅是示意性的,而不是限制性的,本领域的普通技术人员在本实用新型的启示下,在不脱离本实用新型宗旨和权利要求所保护的范围情况下,还可做出很多形式,均属于本实用新型的保护之内。

1. 附件:《专利审查指南 2010》中关于创造性的描述

以下内容摘自《专利审查指南 2010》,中华人民共和国国家知识产权局,2010 年 1 月第 1 版,ISBN 978-7-80247-546-5。

第四章 创造性

4 几种不同类型发明的创造性判断

应当注意的是,本节中发明类型的划分主要是依据发明与最接近的现有技术的区别特征的特点做出的,这种划分仅是参考性的,审查员在审查申请案时,不要生搬硬套,而要根据每项发明的具体情况,客观地做出判断。

以下就几种不同类型发明的创造性判断举例说明。

4.1 开拓性发明

开拓性发明,是指一种全新的技术方案,在技术史上未曾有过先例,它为人类科学技术在某个时期的发展开创了新纪元。

开拓性发明同现有技术相比,具有突出的实质性特点和显著的进步,具备创造性。例如,中国的四大发明———指南针、造纸术、活字印刷术和火药。此外,作为开拓性发明的例子还有:蒸汽机、白炽灯、收音机、雷达、激光器、利用计算机实现汉字输入等。

4.2 组合发明

组合发明,是指将某些技术方案进行组合,构成一项新的技术方案,以解决现有技术客观存在的技术问题。

在进行组合发明创造性的判断时通常需要考虑：组合后的各技术特征在功能上是否彼此相互支持、组合的难易程度、现有技术中是否存在组合的启示以及组合后的技术效果等。

（1）显而易见的组合 如果要求保护的发明仅仅是将某些已知产品或方法组合或连接在一起，各自以其常规的方式工作，而且总的技术效果是各组合部分效果之总和，组合后的各技术特征之间在功能上无相互作用关系，仅仅是一种简单的叠加，则这种组合发明不具备创造性。

【例如】

一项带有电子表的圆珠笔的发明，发明的内容是将已知的电子表安装在已知的圆珠笔的笔身上。将电子表同圆珠笔组合后，两者仍各自以其常规的方式工作，在功能上没有相互作用关系，只是一种简单的叠加，因而这种组合发明不具备创造性。

此外，如果组合仅仅是公知结构的变型，或者组合处于常规技术继续发展的范围之内，而没有取得预料不到的技术效果，则这样的组合发明不具备创造性。

（2）非显而易见的组合 如果组合的各技术特征在功能上彼此支持，并取得了新的技术效果；或者说组合后的技术效果比每个技术特征效果的总和更优越，则这种组合具有突出的实质性特点和显著的进步，发明具备创造性。其中组合发明的每个单独的技术特征本身是否完全或部分已知并不影响对该发明创造性的评价。

【例如】

一项"深冷处理及化学镀镍-磷-稀土工艺"的发明，发明的内容是将公知的深冷处理和化学镀相互组合。现有技术在深冷处理后需要对工件采用非常规温度回火处理，以消除应力，稳定组织和性能。本发明在深冷处理后，对工件不做回火或时效处理，而是在 80℃±10℃ 的镀液中进行化学镀，这不但省去了所说的回火或时效处理，还使该工件仍具有稳定的基体组织以及耐磨、耐蚀并与基体结合良好的镀层，这种组合发明的技术效果，对本领域的技术人员来说，预先是难以想到的，因而，该发明具备创造性。

4.3 选择发明

选择发明，是指从现有技术中公开的宽范围中，有目的地选出现有技术中未提到的窄范围或个体的发明。在进行选择发明创造性的判断时，选择所带来的预料不到的技术效果是考虑的主要因素。

（1）如果发明仅是从一些已知的可能性中进行选择，或者发明仅仅是从一些具有相同可能性的技术方案中选出一种，而选出的方案未能取得预料不到的技术效果，则该发明不具备创造性。

【例如】

现有技术中存在很多加热的方法，一项发明是在已知的采用加热的化学反应中选用一种公知的电加热法,该选择发明没有取得预料不到的技术效果,因而该发明不具备创造性。

（2）如果发明是在可能的、有限的范围内选择具体的尺寸、温度范围或者其他参数,而这些选择可以由本领域的技术人员通过常规手段得到并且没有产生预料不到的技术效果,则该发明不具备创造性。

【例如】

一项已知反应方法的发明,其特征在于规定一种惰性气体的流速,而确定流速是本领域的技术人员能够通过常规计算得到的,因而该发明不具备创造性。

（3）如果发明是可以从现有技术中直接推导出来的选择,则该发明不具备创造性。

【例如】

一项改进组合物 Y 的热稳定性的发明,其特征在于确定了组合物 Y 中某组分 X 的最低含量,实际上,该含量可以从组分 X 的含量与组合物 Y 的热稳定性关系曲线中推导出来,因而该发明不具备创造性。

（4）如果选择使得发明取得了预料不到的技术效果,则该发明具有突出的实质性特点和显著的进步,具备创造性。

【例如】

在一份制备硫代氯甲酸的现有技术对比文件中,催化剂羧酸酰胺和/或尿素相对于原料硫醇,其用量比大于0、小于等于100%(mol);在给出的例子中,催化剂用量比为2%(mol)~13%(mol),并且指出催化剂用量比从2%(mol)起,产率开始提高;此外,一般专业人员为提高产率,也总是采用提高催化剂用量比的办法。一项制备硫代氯甲酸方法的选择发明,采用了较小的催化剂用量比(0.02%(mol)~0.2%(mol)),提高产率11.6%~35.7%,大大超出了预料的产率范围,并且还简化了对反应物的处理工艺。这说明,该发明选择的技术方案,产生了预料不到的技术效果,因而该发明具备创造性。

4.4 转用发明

转用发明,是指将某一技术领域的现有技术转用到其他技术领域中的发明。

在进行转用发明的创造性判断时通常需要考虑：转用的技术领域的远近、是否存在相应的技术启示、转用的难易程度、是否需要克服技术上的困难、转用所带来的技术效果等。

（1）如果转用是在类似的或者相近的技术领域之间进行的,并且未产生预料不到的技术效果,则这种转用发明不具备创造性。

【例如】

将用于柜子的支撑结构转用到桌子的支撑,这种转用发明不具备创造性。

（2）如果这种转用能够产生预料不到的技术效果,或者克服了原技术领域中未曾遇到的困难,则这种转用发明具有突出的实质性特点和显著的进步,具备创造性。

【例如】

一项潜艇副翼的发明,现有技术中潜艇在潜入水中时是靠自重和水对它产生的浮力相平衡停留在任意点上,上升时靠操纵水平舱产生浮力,而飞机在航行中完全是靠主翼产生的浮力浮在空中,发明借鉴了飞机中的技术手段,将飞机的主翼用于潜艇,使潜艇在起副翼作用的可动板作用下产生升浮力或沉降力,从而极大地改善了潜艇的升降性能。由于将空中技术运用到水中需克服许多技术上的困难,且该发明取得了极好的效果,所以该发明具备创造性。

4.5 已知产品的新用途发明

已知产品的新用途发明,是指将已知产品用于新的目的的发明。在进行已知产品新用途发明的创造性判断时通常需要考虑:新用途与现有用途技术领域的远近、新用途所带来的技术效果等。

(1) 如果新的用途仅仅是使用了已知材料的已知的性质,则该用途发明不具备创造性。

【例如】

将作为润滑油的已知组合物在同一技术领域中用作切削剂,这种用途发明不具备创造性。

(2) 如果新的用途是利用了已知产品新发现的性质,并且产生了预料不到的技术效果,则这种用途发明具有突出的实质性特点和显著的进步,具备创造性。

【例如】

将作为木材杀菌剂的五氯酚制剂用作除草剂而取得了预料不到的技术效果,该用途发明具备创造性。

4.6 要素变更的发明

要素变更的发明,包括要素关系改变的发明、要素替代的发明和要素省略的发明。

在进行要素变更发明的创造性判断时通常需要考虑:要素关系的改变、要素替代和省略是否存在技术启示、其技术效果是否可以预料等。

4.6.1 要素关系改变的发明

要素关系改变的发明,是指发明与现有技术相比,其形状、尺寸、比例、位置及作用关系等发生了变化。

(1) 如果要素关系的改变没有导致发明效果、功能及用途的变化,或者发明效果、功能及用途的变化是可预料到的,则发明不具备创造性。

【例如】

现有技术公开了一种刻度盘固定不动、指针转动式的测量仪表,一项发明是指针不动而刻度盘转动的同类测量仪表,该发明与现有技术之间的区别仅是要素关系的调换,即"动静转换"。这种转换并未产生预料不到的技术效果,所以这种发明不具备创造性。

(2) 如果要素关系的改变导致发明产生了预料不到的技术效果,则发明具有突出的实质性特点和显著的进步,具备创造性。

【例如】一项有关剪草机的发明,其特征在于刀片斜角与公知的不同,其斜角可以保证刀片的自动研磨,而现有技术中所用刀片的角度没有自动研磨的效果。该发明通过改变要素关系,产生了预料不到的技术效果,因此具备创造性。

4.6.2 要素替代的发明

要素替代的发明,是指已知产品或方法的某一要素由其他已知要素替代的发明。

(1) 如果发明是相同功能的已知手段的等效替代,或者是为解决同一技术问题,用已知最新研制出的具有相同功能的材料替代公知产品中的相应材料,或者是用某一公知材料替代公知产品中的某材料,而这种公知材料的类似应用是已知的,且没有产生预料不到的技术效果,则该发明不具备创造性。

【例如】

一项涉及泵的发明,与现有技术相比,该发明中的动力源是液压马达替代了现有技术中使用的电机,这种等效替代的发明不具备创造性。

(2) 如果要素的替代能使发明产生预料不到的技术效果,则该发明具有突出的实质性特点和显著的进步,具备创造性。

4.6.3 要素省略的发明

要素省略的发明,是指省去已知产品或者方法中的某一项或多项要素的发明。

(1) 如果发明省去一项或多项要素后其功能也相应地消失,则该发明不具备创造性。

【例如】

一种涂料组合物发明,与现有技术的区别在于不含防冻剂。由于取消使用防冻剂后,该涂料组合物的防冻效果也相应消失,因而该发明不具备创造性。

(2) 如果发明与现有技术相比,发明省去一项或多项要素(如一项产品发明省去了一个或多个零部件或者一项方法发明省去一步或多步工序)后,依然保持原有的全部功能,或者带来预料不到的技术效果,则具有突出的实质性特点和显著的进步,该发明具备创造性。

5 判断发明创造性时需考虑的其他因素

发明是否具备创造性,通常应当根据审查基准进行审查。应当强调的是,当申请属于以下情形时,审查员应当予以考虑,不应轻易做出发明不具备创造性的结论。

5.1 发明解决了人们一直渴望解决但始终未能获得成功的技术难题

如果发明解决了人们一直渴望解决但始终未能获得成功的技术难题,这种发明具有突出的实质性特点和显著的进步,具备创造性。

【例如】自有农场以来,人们一直期望解决在农场牲畜(如奶牛)身上无痛而且不损坏牲畜表皮地打上永久性标记的技术问题,某发明人基于冷冻能使牲畜表皮着色这一发现而发明的一项冷冻"烙印"的方法成功地解决了这个技术问题,该发明具备创造性。

5.2 发明克服了技术偏见

技术偏见,是指在某段时间内、某个技术领域中,技术人员对某个技术问题普遍存在的、偏离客观事实的认识,它引导人们不去考虑其他方面的可能性,阻碍人们对该技术领域的研究和开发。如果发明克服了这种技术偏见,采用了人们由于技术偏见而舍弃的技术手段,从而解决了技术问题,则这种发明具有突出的实质性特点和显著的进步,具备创造性。

【例如】

对于电动机的换向器与电刷间界面,通常认为越光滑接触越好,电流损耗也越小。一项发明将换向器表面制出一定粗糙度的细纹,其结果电流损耗更小,优于光滑表面。该发明克服技术偏见,具备创造性。

5.3 发明取得了预料不到的技术效果

发明取得了预料不到的技术效果,是指发明同现有技术相比,其技术效果产生"质"的变化,具有新的性能;或者产生"量"的变化,超出人们预期的想象。这种"质"的或者"量"的变化,对所属技术领域的技术人员来说,事先无法预测或者推理出来。当发明产生了预料不到的技术效果时,一方面说明发明具有显著的进步,同时也反映出发明的技术方案是非显而易见的,具有突出的实质性特点,该发明具备创造性。

5.4 发明在商业上获得成功

当发明的产品在商业上获得成功时,如果这种成功是由于发明的技术特征直接导致的,则一方面反映了发明具有有益效果,同时也说明了发明是非显而易见的,因而这类发明具有突出的实质性特点和显著的进步,具备创造性。但是,如果商业上的成功是由于其他原因所致,如由于销售技术的改进或者广告宣传造成的,则不能作为判断创造性的依据。

设 计 篇

　　本篇展示了学生参加各类学科竞赛的参赛作品，涵盖本科、研究生电子设计竞赛和创新创业大赛等不同类别的竞赛。

第 8 章 可见光室内定位装置

(2017 年全国大学生电子设计竞赛 I 题,指导教师:王建辉;参赛学生:周玉梅、李云涛、石舒豪)

根据可见光室内定位装置任务命题要求,设计制作了基于可见光通信与成像的室内定位装置。按照说明要求,该装置不仅完全满足任务命题基本要求,而且实现了命题发挥部分的所有指标。通过对该装置的性能测试,当传感器位于底部平面任意区域,其测量显示的坐标值与实际位置的绝对误差小于 3cm,利用时分多址技术实现了通信数字的发送与接收,并完成了任意信道的音频无失真播放,且整个 LED 控制电路采用+12V 单电源供电,供电功率为 5W,整体装置设计精致、牢靠,具有良好的可展示度。

8.1 系 统 方 案

8.1.1 定位装置技术选择

根据任务命题情景分析,使用三个 LED 光源实现室内定位可使用的定位技术主要有两种。

方案一:利用 LED 灯作为位置标签,通过传感器接收识别该标签信息确定传感器的大致区域。

方案二:将三个 LED 点光源作为室内定位位置参考点,使用成像传感器对其成像,利用摄影成像测量原理推算成像镜头的空间平面坐标作为定位结果。

方案一的通信标签定位技术仅能实现粗定位,方案二利用可见光成像定位技术可以满足较高室内定位要求。因此采取方案二。

8.1.2 通信功能技术选择

可见光通信技术通过控制 LED 高速闪烁可以实现信号传递。通信信号调制方式主流选择有两种,即 OOK、FDMA,根据室内定位装置通信需要可选择的信号调制方案有以下两种。

方案一:OOK 调制方式实现简单,功耗低,在光纤通信系统中获得广泛应用。OOK 尤其适合电池供电的便携式设备使用,因为这样的系统在发送"0"时无须发送载波,可以节省功率,调制方式较为简单。因此,OOK 信号调制方式比较适合在室内定位场景中应用。

方案二:FDMA 技术成熟,较稳定,可根据要求动态地进行交换,但容量小;基站设备庞大,设备生产比较复杂;由于系统中存在交调,导致放大器功率不能够被有效利用,功率损耗大,多用于媒体通信应用场景。

任务命题限制了控制电路的工作电压为 12V、功率 5W。选择 OOK 调制方式具有更大的优势,不仅实现简单,而且功耗低,易于实现,满足任务命题的要求。

8.1.3 方案描述

根据任务要求和设计目标,系统装置技术路线流程图设计如图 8-1 所示。

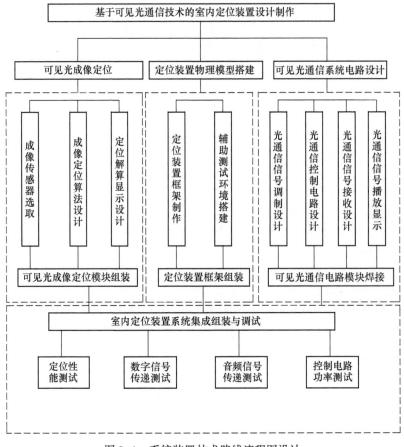

图 8-1 系统装置技术路线流程图设计

8.2 理论分析与计算

8.2.1 可见光成像定位方法

1) 可见光成像定位原理

使用成像传感器正对三个点光源进行摄影成像,根据三个点光源在图像中的像素坐标位置及实际空间平面位置反算出像片中心点的实际空间平面位置。如图 8-2 所示,像点 a、b、c 分别为三个空间平面坐标已知的 LED 点光源 A、B、C 对应的像点中心,点 s 为成像相片中心,s 的平面坐标对应成像传感器的中心 $S0$ 与投影点 $S1$。根据摄影成像测量原理,三角形 abc 与三角形 ABC 为相似三角形。如图 8-3 所示,通过在图像上获取 sa、sb、sc 的长度,根据相似三角形原理即可计算出 $S1A$、$S1B$、$S1C$ 的平面距离,则可以根据点 A、B、C 的平面坐标计算出点 $S1$ 的平面坐标,该坐标即为成像传感器的镜头中心坐标,以此作为定位传感器的平面坐标。成像定位相关参数及其之间的关系,详见附件。

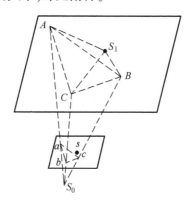

图 8-2 成像定位原理示意图

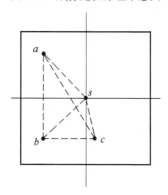

图 8-3 相片成像几何分析

2) 成像传感器选取 LED 光源布局设计

根据成像定位几何原理,需要在相片中同时出现三个 LED 光源位置才能进行定位计算,而且还要区分三个 LED 灯的对应坐标。根据成像定位装置尺寸大小,为了满足相机镜头垂直顶面且对三个 LED 同时正摄成像,需要成像传感器的视场角度大于某个值。如图 8-4 所示,通过计算分析,定位装置成像传感器的视场角为 80°时,其在传感器距离 LED 灯距离为 77cm 时成像拍摄范围为 128cm×128cm。如图 8-5 所示,三个 LED 布设在装置顶面中心 48cm×48cm 矩形范围内,分布在半径为 20 的圆上,点 $A(0,20)$ 点 $B(0,-20)$ 点 $C(-17.3,-10)$ 组成星座光源,确保在定位装置地面任意位置均能对三个 LED 灯进行成像。

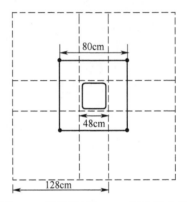

图 8-4 相机视场与 LED 灯布局分析

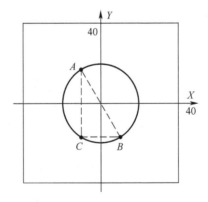

图 8-5 LED 灯坐标布局图

8.2.2 信息发送接收方法

为避免出现连续的 0 或 1 数据流,无法接受定时信号,首先利用曼彻斯特编码方式对音频数据流进行编码,得到易实现同步的音频数据流,然后利用 OOK 调制将数字信号 01 转换为光的强弱。三路音频数据流在传输时采用时分多址技术,分别传输给三盏 LED 灯,使其在一个周期内交替工作。

经 LED 灯的无线传输,将音频数据流传送给接收端,接收端将光线强弱的光信号经 PD 雪崩式光敏电阻转换为电压的电信号,经 OOK 解调和曼彻斯特解码后,将数据按照时序恢复为三路音频数据,分别进行播放。

8.2.3 误差分析

利用摄影测量原理实现成像定位的误差来源主要有两种:一种是系统标定误差;另一种是测量随机误差。根据测量学原理,光源位置平面坐标系标定精度与整个定位装置的绝对位置标定误差构成了系统误差的主要来源,三个 LED 灯所组成的三角形的图形强度也构成了系统误差的主要部分,此外成像镜头畸变参数矫正也存在理论误差。

随机测量误差主要表现在测量时,成像传感器镜头没有垂直正摄三个 LED 灯所组成的平面,相机存在倾斜角度。根据定位计算要求自成像时必须是正摄成像,而实际定位应用中由于地面不够水平往往无法保证摄像头正摄成像,这是随机测量误差的主要来源。在定位测量时,由于个人读数也存在视觉误差,这些因素构成了定位测量的随机误差。

8.3 电路与程序设计

8.3.1 电路设计

电路设计方案总体设计如图 8-6 所示。

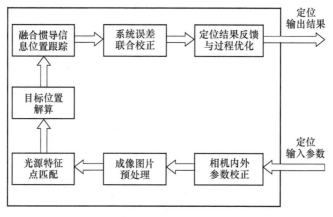

图 8-6 方案总体设计

8.3.2 通信电路与单片机程序设计

将三路音频数据流分别输入 STM32f103 开发板上进行处理,把数据流进行帧切分,每帧 32B。为便于在接收端检查和纠错,每字节均以 0 开始,以 1 结束,变为 10b。由于数据流在突然传输时交流电路尚未形成通路会产生数据损失,在每一帧的开头和结尾分别添加特定的序列。将得到的数据流进行曼彻斯特编码,变为 64B,再按照 115200 波特率编码发送,发送 1 帧用时 2.8ms。

利用时分多址技术,三路音频数据流轮流处理发送,为防止前后帧之间出现干扰,在每一帧发送结束后,并不立即发送下一帧,增加 0.5ms 的保护间隔。分别将三路数据流的各一帧数据对应传给 LED 灯 ABC,用时 9.9ms,为一个周期。

经 OOK 调制把音频数据信号变换为 LED 灯光线强弱,传输给接收端。

在接收端,PD 为雪崩式光敏二极管,连接跨阻放大器,将接收到的光信号转换为电信号,得到的电压在毫伏至几十毫伏之间,经两级反相放大器,放大 50 倍。将得到的电压信号传输给比较器,把模拟量转换为 01 的数字量传送给 STM32f103 开发板进行处理。默认的 01 信号宽度相同,但在传输过程中存在损耗,会出现 01 宽度不一致的情况,通过先进性整形,调整脉宽一致,再进行反曼彻斯特编码。

利用时分多址进行传输,在一个周期内只在 1/3 时间段内接收到一条数据流的信号,无法实现流媒体播放。播放器要求在 20ms 播放 32B 数据。调整采样率为 20/32,将数字量转换为模拟量,实现了音频数据的流播。

当由按键输入 6 个阿拉伯数字时,将数字直接进行曼彻斯特编码,连缀在每一帧数据流后面进行传输,第 1 个和第 2 个数打包连缀在数据流 1 的一帧数据后进行传输,第 3 个和第 4 个数打包连缀在数据流 2 的一帧数据后进行传输,第 5 个和第 6 个数打包连缀在数据流 3 的一帧数据后进行传输。在接收端对数字进行解码后,传输至 LCD 屏进行显示。当三盏灯同时正常工作时可实现输入数字的正常传输与显示。

附件:可见光成像定位原理方程推导与参数标定

像空间坐标系:像点的空间位置所在坐标系为像空间坐标系,坐标原点取其投影中心 s,坐标的正 Z 轴取摄影方向。通过点 s 作平行于像平面上 x 和 y 轴的轴线即为像空间坐标系的 x 和 y 轴。在这个坐标系中每个像点的 z 坐标都等于摄影主距 f。

内方位元素:设 u_0, v_0 分别是在 x 方向和 y 方向上的偏差,通过摄影机的标定可以求出,则 (u_0, v_0, f) 称为摄影的内方位元素。

外方位元素:设像空间坐标系投影中心 S 在物空间坐标系中的坐标为 $(x_s, y_s, z_s)^T$,物空间坐标系变换到与像空间坐标系姿态一致时绕三个坐标轴转过的角度用分别用 $(\varepsilon_x, \varepsilon_y, \varepsilon_z)$ 来表示,以上 6 个元素称为摄影的外方位元素。

在针孔相机模型下,物点在物空间坐标系下坐标为 $X=(x,y,z)^{\mathrm{T}}$,像面上的理想像点在像坐标系下 $m=(u,v)^{\mathrm{T}}$,二者关系可用投影变换表示为

$$\begin{cases} u - u_0 = -f \dfrac{a_1(x-x_s)+b_1(y-y_s)+c_1(z-z_s)}{a_3(x-x_s)+b_3(y-y_s)+c_3(z-z_s)} \\ v - v_0 = -f \dfrac{a_2(x-x_s)+b_2(y-y_s)+c_2(z-z_s)}{a_3(x-x_s)+b_3(y-y_s)+c_3(z-z_s)} \end{cases}$$

坐标旋转矩阵 $\boldsymbol{R}$ 定义为

$$\boldsymbol{R} = \begin{bmatrix} a_1 & a_2 & a_3 \\ b_1 & b_2 & b_3 \\ c_1 & c_2 & c_3 \end{bmatrix}$$

$$= \begin{bmatrix} \cos\varepsilon_x\cos\varepsilon_z - \sin\varepsilon_x\sin\varepsilon_y\sin\varepsilon_z & -\cos\varepsilon_x\sin\varepsilon_z - \sin\varepsilon_x\sin\varepsilon_y\cos\varepsilon_z & -\sin\varepsilon_x\cos\varepsilon_y \\ \cos\varepsilon_x\sin\varepsilon_z & \cos\varepsilon_y\cos\varepsilon_z & -\sin\varepsilon_y \\ \sin\varepsilon_x\cos\varepsilon_z + \cos\varepsilon_x\sin\varepsilon_y\sin\varepsilon_z & -\sin\varepsilon_x\sin\varepsilon_z + \cos\varepsilon_x\sin\varepsilon_y\cos\varepsilon_z & \cos\varepsilon_x\cos\varepsilon_y \end{bmatrix}$$

将方程变换为矩阵形式为

$$m = MX = K[\boldsymbol{R} \mid \boldsymbol{t}]X$$

矩阵 K 描述了相机的内部结构,称为相机的内参矩阵,其中的参数称为相机的内部参数。$\boldsymbol{R},\boldsymbol{t}$ 分别为旋转矩阵和平移向量,描述了相机在世界坐标系中的位置和方向,称为相机的外部参数。$M = K[\boldsymbol{R}|\boldsymbol{t}]$ 称为投影矩阵,同时隐含了相机的内外参数。

中心投影构象关系式表达了物点与像点之间简单的投影映射关系。

(1) 外参数标定。

相机的外参数包括相机的位置和主光轴方向。在外参数解算时,通常采用的是针孔光学模型。该模型中认为,"像-光心-物"三点是共线的,如图 8-7 所示。

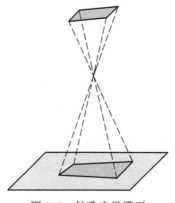

图 8-7 针孔光学模型

在外参数估计时,特征点在像平面上的坐标 $l_i = (u_i, v_i)^T$ 是可以通过 ID 匹配查找获得的,光心的位置由内参数估计时获得。设真实特征点在空间中的坐标是 $p_i = (x_i, v_i, z_i)^T, i = 1, 2, \cdots, n$,其中 $n \geq 4$,真实特征点在应用所定义的坐标系下的三维坐标可以使用光源标定技术获得。

在针孔模型假设下,投影过程可以看成是三维空间在二维子空间上的投影,即可以使用投影变换矩阵计算投影过程,即

$$l_i = Dp_i$$

式中:D 为 2 行 3 列的投影变换矩阵,矩阵 D 包含了投影的方向和位置信息,即使用 D 可以计算出相机外参数。当特征点的数量大于等于 4 个时,使用最小二乘的方法,即可解算出 D,进而获得相机的外参数,即相机在应用所定义的坐标系中的位置和朝向。

(2)内参数标定。

实际中,由于镜头的装配工艺和镜头设计制造工艺,导致实际的光学系统无法实现三点共线。常见的内参数包括焦距、径向畸变参数、偏心畸变参数和仿射畸变参数。其中,径向畸变主要是指由于镜头工艺的原因导致的枕/桶形失真现象,偏心畸变是指由于装配误差导致的光心非居中的现象,仿射畸变是指由于图像传感器工艺导致的 xy 轴不正交,或者 xy 轴比例不一致的现象,如图 8-8 所示。

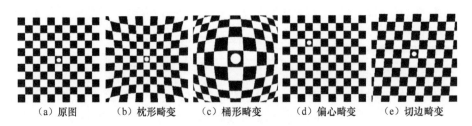

(a)原图　　(b)枕形畸变　　(c)桶形畸变　　(d)偏心畸变　　(e)切边畸变

图 8-8　镜头畸变矫正

其中,图 8-8(a)是没有畸变的图;图 8-8(b)和(c)是径向畸变示意图,其中(b)是枕形失真,(c)是桶形失真;图 8-8(d)是偏心畸变;图 8-8(e)是切边畸变。实际中的图像是上述三种畸变的混合,需要逐个估计出畸变参数,再校正畸变,以满足三点共线性质。

通常使用实验场法对相机的内参数进行标定和校正。实验场法的基本原理是对已知参数的靶标多次、不同角度地拍照,之后运用最小二乘的原理估计出内参数值,再使用估计出的内参数对各个像点坐标变换,以满足三点共线的要求。

常用的靶标是黑白棋盘格,对靶标多次拍照,如图 8-9 所示。

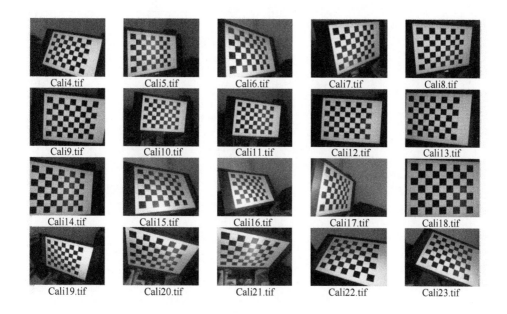

图8-9 内参数标定中的靶标图像

使用图像分析的方法提取各图像中的角点位置,对于给定的一组内参数初值,可以对这些角点坐标进行校正变换,之后对内参数校正后的坐标进行投影变换,将其投影到标准棋盘格上。经过正确的内参数估计和校正后,经过投影变换能够准确地对齐到标准棋盘格,否则投影变换后仍然无法对齐。所以可以使用投影变换后的误差平方和作为目标函数优化求解内参数。依据拍摄的图像估计的内参数结果如图8-10所示。

其中,图8-10(a)是估计出的径向畸变和偏心畸变参数,图中的数值表示径向畸变像素数,箭头方向表示径向畸变方向。从图中可以看出,中心点有所偏移,距离中心越远,畸变量越大。图8-10(b)是切变参数估计结果,从图中可以看出全图有约40°的切变畸变,数值表示切变畸变程度,单位是像素数,箭头表示切变畸变方向。图8-10(c)是组合各种畸变后的结果,使用图中数据即可实现畸变校正。

依据估计出的径向畸变、偏心畸变和切变畸变参数,即可对图像中提取出的特征点进行校正,使校正后的特征点满足三点共线的要求。

应用中,内参数通常在出厂前标定,并将参数存储在相机固件中。相机拍摄后,图像处理芯片调用内参数对图像传感器获取的图像进行畸变校正,从而获得无畸变的图像,以满足相机定位的应用。

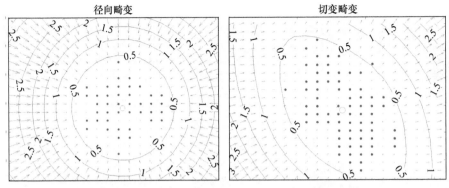

(a)径向畸变和偏心畸变参数估计结果　　　（b)切变参数估计结果

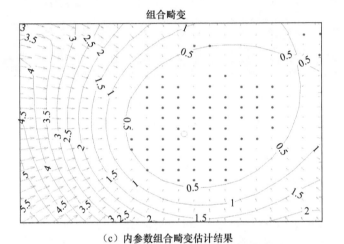

(c)内参组合畸变估计结果

图 8-10　依据拍摄的图像估计的内参结果

第 9 章　非接触可见光连接器与可见光点播电视

（"创青春"中国青年创新创业大赛，指导教师：曲晶；参赛学生：许可、张海勇、胡锋）

可见光通信是一种工作在可见光光谱范围内的新兴高速短距离通信技术，是一种利用 LED 固态光源在照明同时实现通信的新型绿色通信技术，具有泛在覆盖、节能降耗、健康安全、定向辐射、布设简单、成本低廉、电磁兼容性良好等突出优点。在可见光通信全面发展的潮流下，依托河南省可见光通信重点实验室的研究基础和科研成果，开发非接触可见光连接器（Contactless Optical Connector, COC）和可见光点播电视（Optical Video-On-Demand, OVOD），分别用于短距离数据传输和智能家居等领域，让可见光通信技术进入寻常百姓家，为人们带来便捷、绿色、安全、智能的美好生活。

9.1　项目描述

9.1.1　非接触可见光连接器

为优化人们生活方式，依托实验室的研究基础，利用 380~780nm 的可见光波段，结合新型可见光通信（VLC）技术和 USB 协议研发了非接触可见光连接器（Contactless Optical Connector, COC），该系统打破了"最后 10cm 通信"技术局限，实现了高速、绿色、安全的无线光互联。项目创意源于生活，高于生活，用于生活，拥有广阔的市场价值。

本产品设计包括硬件设计和软件设计两个方面，相互结合，为用户提供了可见光互联的透明传输通道，其基本结构如图 9-1 所示。以单向链路为例，在发送端，上位机发出服务需求，通过 USB 接口实现信息交互，FPGA 实现 VLC 信号处理；进入模拟前端电路，驱动 LED，通过电光转换将信息发送出去。在接收端，PD 检测器实现光电转换，通过模拟电路，将接收到的信息送到 FPGA 进行解调译码；通过 USB 接口，将信息传输到接收设备中。最终，该系统实现了高速、绿色、安全的短距离双向可见光互联通道。

9.1.2　可见光点播电视

可见光点播电视（Optical Video-on-Demand, OVOD）主要针对家庭、酒店客房

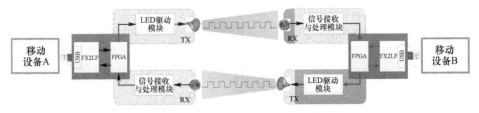

图 9-1 非接触可见光连接器系统简图

等体验超高清电视视频的领域。白光 LED 灯因其亮度高、节能、寿命长突出的特点被认为在未来会成为下一代照明光源,另外它的高速调制特性使其具有高速传输数据的能力,所以可见光通信技术也就应运而生。因此,该系统借助 LED 在提供照明的同时,也能提供一种高速的无线接入方式,对未来超高清电视视频的体验具有广阔的发展前景。

该系统使用 LED 驱动模块和 PD 接收模块来进行信号的加载和光信号的接收。LED 驱动模块是将电域的数据信号调制为光信号,并通过 LED 照明发送出去,接收端 PD 接收模块,通过 PD 直接检测接收的光强,并经过后续的处理变成电信号,然后通过时钟恢复电路送达 FPGA 进行信号的处理和还原成视频信号。可见光视频点播系统致力于高清电视业务的体验,同时更能推动超高清电视机(4K 电视)的发展,弥补了当前宽带高清网络电视的速率不高的瓶颈。

9.2 市场分析

9.2.1 非接触可见光连接器

随着计算机技术的发展,各种电子设备迅速普及,智能手机、PAD、计算机等也不断推陈出新。然而,设备间"最后 10cm 通信"的问题却一直苦恼着人们,给人们生活带来了极大的不便。目前,连接器主要分为有线连接和无线连接两种产品类型。对于有线连接器而言,传统的机械式连接不仅会有线缆的束缚,设备上开孔也破坏了产品的美观,一定程度上扼杀了产品的工业设计。同时,连接器孔洞在长期插拔使用下会造成性能损耗和物理性破坏,EMI 和 RFI 等信号干扰和无线干扰更是难以避免。短距离无线连接技术在移动设备中的应用开始增多,主要包括 Zig-Bee、蓝牙(Bluetooth)、WIFI、超宽带(UWB)和近场通信(NFC)、红外通信技术(IrDA)、KissConnector 等技术。然而,随着技术的发展,现有的无线连接技术已然不能满足用户对人性化、时尚外观等性能要求,暴露很多问题,例如:①通信存在安全隐患;②频带资源紧张;③抗干扰能力弱,不能用在电磁敏感环境;④速率较低。总体来看,现有技术已经不能满足市场发展需求,越来越高的用户体验需求呼唤着一种拓宽频谱资源、绿色节能、安全可靠的短距离无线互联方式。

鉴于此,将新型"可见光通信(VLC)"技术和 USB 协议相结合,打破"最后 10cm 通信"技术局限,实现高速、绿色、安全的无线光互联。随着科技的发展,越来越高的用户体验需求牵动着市场发展。独特的优势使该技术在设备间数据共享、身份验证、新型智能媒体等各方面都有较高的市场价值。

9.2.2 可见光点播电视

在国内,基于可见光通信设备研究的公司几乎很少,大多属于系统原型机研发阶段。信息之光科技有限公司秉承服务优先、质量第一、引领科技、创造未来的原则,在基于可见光通信视频点播设备领域打下坚实的基础。

9.3 盈 利 模 式

信息之光科技有限公司是一家集产品生产和客户解决方案为一体的高新科技公司,旨在为客户提供优质的产品和完美的服务。针对不同的产品,采取不同的获利模式,最大化地保障公司的利润。

9.3.1 非接触可见光连接器

COC 设备是将可见光通信技术应用于短距离无线连接的设计,克服现有"最后 10cm 无线通信"技术局限,开创新型高速短距离光互联技术。该设备可有效地摆脱现阶段有线连接线的约束和开孔的限制,克服无线连接的低速不安全的缺陷。新的技术、新的体验,能够改变数十年来人们的生活方式,具有速率高、距离短,人性化、无须驱动,通信安全、高可靠性,绿色无污染、可用性无处不在,便于提升颜值,用电更加安全等优点。

目前,COC 样机的制作成本为 400 元左右,将来量产以后有望将成本降低到 200 元,COC 设备的平均销售价格定在 500 元。按照年销售 10 万套计算,每年可达到 5000 万的产值,产品利润可达到 3000 万人民币。

将来 COC 芯片化以后,在设备间数据共享、身份验证、新型智能媒体等各个领域都有较高的市场价值和应用前景,预期可以实现数千万人民币的市场规模。

9.3.2 可见光点播电视

OVOD 是一种新颖的高速绿色的智能单品。该产品通过可见光技术将电视的点播服务融入智能家居中,只需要接入电源插座和可见光设备,即可实现高速网上视屏点播,即插即用,布设简洁方便;旨在营造绿色的智能家居,面向对电磁辐射敏感的儿童、孕妇、老人等特定用户群体具有较强的吸引力;由于该设备具有较高的数据带宽，因此可以完全适合高清视屏的播放需求，同时崭新科技的应用也将吸引部分年轻用户群体的购买。

OVOD 产品现阶段样机的成本在 2000 元左右，将来量产以后与智能家居相结合成本可控制在 500 元，平均零售价格定在 1000 元。以 2014 年为例，现阶段我国彩电市场的销售量为 4461 万台，假设其中 1% 的电视采用可见光点播技术，年产量将达到 45 万套左右，每年可形成 4.5 亿的产值，利润高达 2.25 亿人民币。

9.4 经营策略

信息之光科技有限公司通过一系列有效的营销手段，建立可见光通信连接器系列产品的品牌形象，进而塑造国内可见光通信研究应用第一品牌，为产品准备定位，突出产品特色，采取差异化产品营销策划；以产品主要消费群体为产品的营销重点；建立起点广、面宽的销售渠道，不断拓宽销售区域。

在目标区域内采用媒体及人员相结合的办法实施招商，以高端市场为主要招商对象，快速将产品渗透到目标消费人群、机构，主要的销售途径为网络直销、大型商场和医药器械连锁机构。同时加强对渠道成员的激励措施，主要的方式有对中间商返利、授予中间商独家经营权、与经销商建立深厚的感情、营销队伍的培养。

9.5 财务分析

9.5.1 股本结构与规模

公司股本结构和规模如表 9-1 所列。

表 9-1 股本结构和规模

实收资本	风险投资	创办者技术入股
金额/万元人民币	6000	6000
占总股本比例	50%	50%

公司计划吸引三家以内的投资公司，吸引风险投资共 6000 万元，每家投资公司的投资在 2000 万元，用于初期投入和营运资金，技术入股 6000 万。另外，根据具体情况，可适时地采用其他的融资方式。

9.5.2 初期投资估算

公司初期共筹资 600 万，其中公司筹资 100 万，风险投资 500 万。资金主要用于购建生产性固定资产,以及生产中所需的直接原材料、直接人工费用、制造费用及其他各类期间费用等,如表9-2所列。

表 9-2 投资项目估算

投资项目	金额/万元
生产设备	200
车间仓库	60
管理费用	100
办公设备	200
其他	40
总计	600

9.6 创业团队与组织模式

9.6.1 企业基本情况

企业名称:信息之光科技有限公司

预期注册地点:略

公司组织机构设计如图9-2所示。

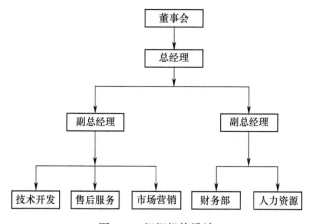

图 9-2 组织机构设计

9.6.2 部门主要职责介绍

创业团队是由硕士生组成的高素质团队,而且由课题组内的博导、硕导担任指导老师,博士生担任技术顾问。创业团队还拥有技术、经济、管理等多方面的专业人才,为企业的可持续发展奠定了基础。目前各部门职责及成员介绍如下。

董事会:
(1) 决定公司的经营计划和投资方案;
(2) 制定公司的年度财务预算决算方案;
(3) 聘任或者解聘公司总经理;
(4) 制定公司的基本管理制度。

总经理:
(1) 负责公司重要会议的报告、文件和交流材料的文秘工作;
(2) 负责公司日常业务的经营管理,经董事会授权,对外签订合同和处理业务等。

技术开发部:
(1) 对本项目的技术管理工作进行具体的指导和监督;
(2) 督促项目有关部门及时做好各项施工技术总结及工程技术管理全面总结工作;
(3) 负责编制并审核项目组织设计、设计方案,并进行技术方案的交底;
(4) 贯彻并推进有关技术规范与标准的执行;
(5) 主要负责公司运营管理机制。

人力资源部:
(1) 主要负责公司运营管理机制,建立和完善各项管理制度;
(2) 选拔、配置、开发、考核和培养公司所需的各类人才,制定并实施各项薪酬福利政策及员工职业生涯计划,充分调动员工积极性,激发员工实际潜能,对公司持续长久发展负责。

财务部:
(1) 对公司的生产经营、资金运行情况进行核算;
(2) 对预算情况进行管理;
(3) 制订公司内部财务、会计制度和工作程序,经批准后组织实施并监督执行;
(4) 按制度规定组织进行各项会计核算工作,按时编报各类财会报表,保证及时和准确反映公司财务状况和经营成果等。

市场营销部:
(1) 制定市场调研计划、组织策划市场调研项目;
(2) 建立健全市场信息系统,为本部门和其他部门提供信息决策支持;
(3) 组织进行宏观环境及行业状况调研,对企业内部营销环境、消费者进行调研。

成员介绍:略

9.6.3　组织管理

团队以董事会为中心,下设技术开发部、市场营销部、售后服务部、财务部、人力资源部5个部门。各部门经理带领部门员工工作,制定工作方案、内容以及执行董事会的各项决议。作为一个科技创新企业,人才就是企业生存的基本,技术就是企业的命脉,因此队伍管理就显得格外重要。

(1) 制定完善的企业规章制度,从上到下严格遵守,营造一个积极有效的工作氛围。

(2) 技术的攻关,科技的创新离不开整个团队的团结协作,在团队中要重视团结合作。

(3) 注重团队的沟通。

(4) 形成良好的激励和奖励机制。

9.7　风 险 规 避

虽然可见光通信技术的发展带来了很多机遇,应用前景广阔,但从事可见光通信产品的投资仍然存在一些风险。经过分析预测,主要会面对内部风险(如财务风险等)和外部风险(如市场风险等)两种,需要采取一定的解决办法,争取将风险降到最低以维持公司的正常发展。

9.7.1　内部风险

内部风险主要是财务风险。来源主要有两方面:一是资金的短缺;二是融资方式的选择。目前公司暂定的融资方式为权益性融资方式。首先,投资方的资金是否会中途中断、短缺、顺利到位将成为公司的债务风险,偿还银行的借款和利息也势必会成为公司的债务风险。其次,如果公司在负债期间受到因通货膨胀造成贷款利率增长变化的影响,那么公司的资金成本必然会增加,预期收益就会降低。

9.7.2　外部风险

外部风险主要是市场风险,主要体现在以下方面:

(1) 如何让客户快速接受公司的新型高科技产品,是公司发展初期面临的一大风险;

(2) 随着公司产品在市场上逐渐成熟,势必会有一些竞争对手出现,如何进一步提升我们的技术,实现创新,提高我们产品的综合竞争力,击败竞争者,是公司后期面临的风险;

(3) 资金短缺造成产品供应不足,是公司面临的另外一个风险。

9.7.3 内部风险对策

财务风险对策主要有:
(1) 拓宽融资渠道,降低筹资成本;
(2) 建立健全的公司财务风险识别与预警系统;
(3) 优化负债结构,合理配置资金流资源。

9.7.4 外部风险对策

市场风险对策主要有:
(1) 加强技术开发,提高服务质量;
(2) 加大产品宣传力度,创立良好的产品形象,使消费者尽快接受我们的产品。

9.8 退 出 方 式

考虑到风险投资的特性,在风险资本运营到一定的阶段,可以考虑采用目前国际上比较流行的资本退出方式"ABS"(资产证券化)模式以及IPO(首次公开上市)模式。

第 10 章　基于可见光通信的高速水下传输设备

10.1　研究意义

地球表面72%的部分覆盖着水,这就决定了人类的生产生活与水发生着必不可少的联系。从第一次海上航行开始,人类不断地探索利用着海洋,这一过程也将信息传播的需求带到了水中。尤其是近年来,水文信息采集、水下传感网络和水下自动化控制技术的发展对水下通信提出了越来越迫切的需求。例如,上海打捞局从2015年开始着手的"世越"号打捞作业中就需要大量采用水下通信技术,如图10-1所示。该技术能够应用在水下数据上传、操作指令下达、水下作业人员协同等诸多方面。同时,水下通信一般发生在广阔海域中的大型移动台之间,这种特征决定了发展水下无线通信的必要性。

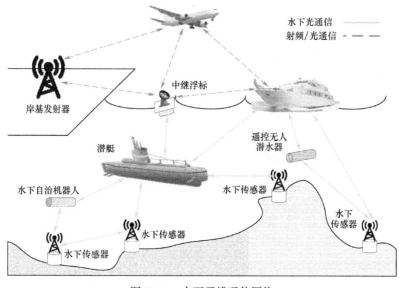

图 10-1　水下无线通信网络

第十二届中国研究生电子设计竞赛,指导教师任嘉伟;参赛学生:臧英东、王春喜、司马凌寒、陈如翰、肖晔。

(1) 水下信道中频率越高的电磁波衰减越快,使得射频通信系统的通信距离很近,目前长波通信是岸基台站对潜通信的常用方式,该方式存在通信设备体积大、能耗高、通信速率低等诸多缺点。

(2) 水下声波通信是后来发展起来的较为成熟的水下无线通信技术手段,该手段能够实现万公里级别通信,但存在通信速率低、通信时延长、设备体积大、功耗高等缺点,同时发出的声波会干扰潜艇声呐的正常工作。

因此,上述两种水下无线通信系统都具有通信速率较低的缺点,难以实现水下高速数据业务的传输。

幸运的是,水下信道中对于 450~550nm 波长的光信号存在通信窗口,这一特性使得采用高频率的光波作为载频资源成为可能。直到 1960 年,激光二极管(Laser Diode,LD)的发明才使得水下无线光通信(Underwater Wireless Optical Communication,UWOC)成为一种可实现的技术,而后来出现的高速发光二极管也因为其结构简单、价格低廉成为水下光通信中的另一种主流器件。

经人们研究发现,UWOC 技术能够很好地弥补射频通信和声波通信在水下的不足,因此设计了基于 LED 的水下无线光通信系统。

水下无线光通信系统以 LED 作为信号发射机,以 PMT 作为信号接收机,可实现中远距离的水下可见光高速通信,能有效解决现有水下通信系统中存在的通信速率不高、设备体积大、造价昂贵等缺点。相对于传统的水下通信手段,本系统具备以下优势:

(1) 速率高。与射频通信和水声通信相比,本系统采用蓝绿光作为载波,具有更广的频谱资源和更高的通信速率,能够承载高速数据业务。

(2) 保密性好。无线电通信和水声通信信号的发射角度大,容易被截获和窃听,本系统采用 LED 作为信号发射机,其发射角度小、方向性好,而且可见光信号具有单向传输特性,因此通信信号不易被监听,具有极高的安全性。

(3) 体积小,功耗低。相较于水声通信中的声学系统,本系统采用 LED 作为发射设备,具有体积小、功耗低的特点,且设备采用单独电源供电,易于安装和实现。

(4) 性能强,价格低。不同于基于 LD 的 UWOC 系统,本系统采用 LED 作为发送设备,由于 LED 的大规模商业化生产技术十分成熟,使得产品结构简单、造价低廉。同时,LD 应用于通信时比 LED 需要更苛刻的对准条件,导致 LD-UWOC 系统鲁棒性较低。

(5) 灵敏度高。在目前 UWOC 系统中,接收设备普遍采用灵敏度较低的 PD 作为信号接收器,但由于水下信道信号衰减作用严重,通信距离十分有限。本系统采用了灵敏度更高的 PMT 接收信号(PMT 的能量增益可达到 $10^6 \sim 10^7$ 量级),可有效提升 UWOC 系统的通信距离。

本系统采用水下无线光通信技术，旨在实现对于水下微弱光信号检测，从而拓展现有的水下通信距离，并且利用可见光承载信息能力强的特点，提升水下无线信号的通信速率。本系统在水下通信技术中具有突出优势，将有广泛的应用前景，此处列举本系统可能的若干应用场景如下：

(1) 深海中的水下航行器间通信。

如图10-2所示，水下中近距离通信(<200m)对于水下航行器等动态目标间通信，特别是潜艇间通信、潜艇与水面舰船通信等，具有巨大作用。目前深海中的水下通信手段主要是声波通信，但声波通信无法实现高速率的数据传输。可见光通信作为一种高速通信手段，具有解决水下中近距离高速通信问题的独特优势，有望成为构建水下航行器高速通信网络的重要支柱。

图10-2 深海中的水下航行器间通信应用

(2) 高速水下通信网络构建。

相比于陆上空间，海底情况更为复杂，人们难以对海底进行实时有效观察，而在近海区域中，大陆架(深度<200m)等区域的海底资源潜藏着很大的经济及国防价值。但由于目前的水下通信手段受限，因此人们很难实现有效的水下情况实时监测。本系统可实现水下中近距离通信，实现用于海底传感器间、海底传感器与海上浮标等设备间的通信，从而可以打造高速的水下实时传输监测网络，可助于实现对于海底及海水中情况的监控。

(3) 潜水员水下探测作业通信。

水下各种矿产资源丰富，潜水员(图10-3)在浅海域勘测等水下作业的过程中，一个高效、可靠的通信手段必不可少。本系统体积小、功耗低、便于携带，同时能够实现中近距离的高速水下通信，能够满足水下作业人员间实时高效的交互通信需求。

本系统通过使用微弱光信号检测器件实现了通信距离拓展，并且结合可见光本身固有的绿色、无辐射等特点，为水下通信提供了一个更加高效、安全的通信技

图 10-3 水下人工作业

术手段。除上述列举的应用场景之外,本系统还可以在舰艇编队通信、车联网通信、医疗场所通信、机舱通信等众多的通信场景中使用,未来这种高速、绿色、安全的通信方式必将给水下通信带来革命性的跃进。

10.2 水下光通信理论基础与关键技术

10.2.1 水下可见光通信系统构成

鉴于水下信道和 PMT 数据接收的特点,对水下无线光音频传输系统方案进行设计,其中主要考虑的因素有传输质量、传输距离、传输速率等。

结合无线光通信的特点,设计了基于 FPGA 的白光 LED 音频传输系统的实现方案,如图 10-4 所示。

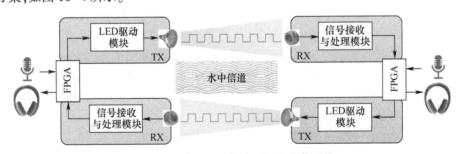

图 10-4 基于 VLC 的水下语音通信系统

系统的整体设计方案由音频发送、水下无线信道和音频接收这 3 部分组成。发送端的音频源可以是话筒、音乐播放器或者手机等,通过 MAC IN 接口将音频信号送入 WM8731 芯片。WM8731 芯片内置了 A/D、D/A 转换电路和数字滤波器,通过配置 WM8731 内部寄存器对送入的模拟音频信号进行相应采样率的 A/D 转换和数字滤波,滤波后得到数字音频信号,再将其送入 FPGA 进行处理。FPGA 主要完成数字音频信号的串并转换、编码、同步和调制处理,调制后的信号送入 LED 驱动电路并驱动 LED 光源发出信号。无线光音频传输系统发送端的处理过程如图 10-5 所示。

图 10-5　无线光音频发送端处理过程

接收端的接收电路首先完成接收信号的光电转换,并对信号进行放大、判决和数据恢复。之后对恢复出的数据进行帧同步、解码,通过 FIFO 对数据进行缓存,缓存后的音频数据仍旧送入 WM8731,通过数字滤波和 D/A 转换,将模拟音频信号通过 Line Out 端口送入音响播放声音并完成通信。图 10-6 所示为无线光音频接收端的处理过程。

图 10-6　无线光音频接收端的处理过程

该系统实现了高速、绿色、安全的中近距离无线通信。功能指标如表 10-1 所列。

表 10-1　功能指标

	可达速率	1Mbit/s
功能指标	通信类型	支持单工,半双工通信模式
	通信距离	50M(目前实测)
	网络类型	点对点、可扩展至一对多模式
	波段	380~780nm

10.2.2　水下信道模型

针对水下信道,在信道的衰减长度较小时,一般采用比尔定律来描述信道,但衰减长度会随着连接距离和水质浑浊度的增加而增加,这时多重散射在信道损失中占主要部分,使得信道响应偏离比尔定律曲线,因此在浑浊水质中尤其是沿岸和港口海水,需要使用双伽马函数(Double-Gamma Function,DGF)或者双指数函数(Ddouble-Exponentials Function,DEF)来更好地近似拟合信道脉冲响应曲线。

为了获得尽可能精确和实际的结果,本节引入了实际的测量参数。MCNS 模拟中的 SPF 参数来自 Petzold 在 1972 年旧金山港口实际测量的海水数据,SPF 的精度等级是 56 个采样值,收发机垂直于发射光束,并且精确对准,发射端采用广义朗伯模型模拟 LED 点光源,模拟系统的配置为收发机严格对准,散射系数、吸收系数和衰减系数分别为 1.842、0.366、2.190,传输距离为 12m,水质类型为标准的港口海水,光束波长为 532nm,接收机的光子检测器的孔径大小为 0.5m,接收机 FOV 分为三类(180°,40°,20°)。具体查阅参见表 10-2。

表 10-2 MC 系统水下信道参数配置

MC 测量信道	光波长	吸收系数	散射系数	衰减系数	收发距离	接收机孔径	发射分歧角
统一参数	532nm	0.366	1.824	2.190	12m	0.5m	10°

通过模拟大量光子的发射、传输和接收过程,在接收端记录并统计检测到达光子的各项属性分布,就可以得到各种展示信道特性的统计曲线,如以光子重量和传输时间为统计量的强度检测曲线,对总传输光子能量归一化后,就是信道的脉冲响应曲线。

(1) 双伽马模型。

水下可见光通信信道的脉冲响应没有简单普适的闭式表达式,只能通过数值模拟获取特定条件下的信道描述。有相关研究表明,在浑浊度较高的海水中,可以用 DGF 函数拟合 Monte Carlo 的数值仿真结果,来获得水下信道冲击响应的近似闭式表达式。DGF 的函数形式为

$$h(t) = C_1 \Delta_t e^{-C_2 \Delta_t} + C_3 \Delta_t e^{-C_4 \Delta_t}, (\Delta_t = t - t_0 \geq 0) \quad (10\text{-}1)$$

$$\Delta_t = t - t_0, t_0 = \frac{L}{\nu} \quad (10\text{-}2)$$

使用拟合后的信道模型式(10-1)、式(10-2)能够使得后续计算工作更加简便,利于系统设计和性能分析。通过简单推导,信道的频率相应就可以方便地近似为

$$H(2\pi f) = \frac{C_1}{(j2\pi f + C_2)^2} e^{-j2\pi f t_0} + \frac{C_3}{(j2\pi f + C_4)^2} e^{-j2\pi f t_0} \quad (10\text{-}3)$$

式(10-1)中,L 是收发机间的传输距离,ν 是相应波长的光在水下的传输速度,t_0 就是一段固定的光束传输时延,4 个未知数 C_1, C_2, C_3, C_4 通过式(10-1)和 MCNS 数值模拟结果采用非线性最小二乘法进行拟合来获得,即

$$(C_1, C_2, C_3, C_4) = \mathrm{argmin}(\int [h(t) - h_{mc}(t)]^2 \mathrm{d}t) \quad (10\text{-}4)$$

对于不同 FOV 接收机的 MCNS 和拟合的结果,如图 10-7 所示。

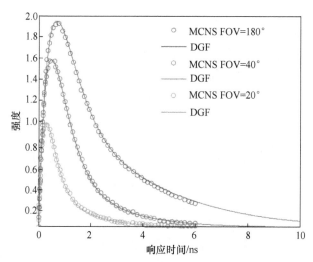

图 10-7 水下无线通信网络脉冲响应(MC 模拟和 DGF 模型)

由此可以得到图 10-7 对不同接收 FOV 调整下的信道的 MC 数值模拟结果,以及采用 DGF 函数拟合并归一化后,获得的信道冲击响应估计曲线和闭式表达式,其中 4 个参数 $[C_1,C_2,C_3,C_4]$ 的拟合范围为 $[-10,10]$,精度为 0.1,拟合后的 4 个参数值如表 10-3 所列。

表 10-3 DGF 拟合参数

MC 模拟信道	C_1	C_2	C_3	C_4
信道 1(FOV=180°)	0.8	0.5	7.3	1.7
信道 2(FOV=40°)	0.6	0.8	8.3	2.2
信道 3(FOV=20°)	0.6	1.2	8.7	3.7

根据拟合得到 DGF 信道函数,就可以通过理论分析,快速而又较精确地估计出信道的特性。从峰值拖尾长度的估算可以看到,信道 1 的接收视角最广,虽然增益最大但有最大的时间扩散,因此可能会产生较强的 ISI;信道 2 的拖尾最小,最接近理想冲击信道;信道 2 和信道 3 的峰值衰减快得多,但是信道增益比信道 1 低。总体来看,增大接收机的 FOV,会同时提高信道增益和时间扩散。需要注意的是,相关研究中指出只有在信道衰减长度很大,ISI 不可忽略时,DGF 函数才能起到较好的估计作用,而在干净水质中,比尔定律的拟合则更加准确,这也是选择 $c=2.19$ 的浑浊水质的原因。

(2) 双指数模型。

双指数函数形式为

$$I = I_0 e^{-cr\phi} + \beta e^{-cr\phi} \tag{10-5}$$

$$\xi = 1 - \eta\omega_0 \tag{10-6}$$

式中：I_0 和 I 分别为初始功率和最终接收功率；r 为收发机距离；ϕ, ξ 为增益系数；β 为扩散指数的初始功率。式(10-5)的第一个指数项就是比尔定律，主要描述衰减长度小于扩散长度时的功率损失；第二个指数项称为扩散指数，用于描述衰减长度大于扩散长度时的扩散功率损失，包括吸收和多重散射。因此，在衰减长度较小时，第二项指数对总损失功率的贡献较小，在衰减长度较大时，第一项对总损失功率的贡献较小。

式(10-5)的三个未知量是 ϕ, β, η，其中第一个未知量可根据小衰减长度时的接收机孔径进行改进修正，也可以默认为 1，后面两个未知量由高散射环境决定。

根据双指数模型的物理定义，两个指数项是以衰减长度在扩散距离 L_d 进行区分的，而为了保证函数的连续性，需要使它们相交于扩散距离，即

$$I_0 e^{-cr} \mid r = L_d = \beta e^{-cr(1-\eta\omega_0)} \mid r = L_d \tag{10-7}$$

将式(10-5)化简为

$$\beta = I_0 e^{-\eta b L_d} \tag{10-8}$$
$$I = I_0 e^{-cr(1-\eta\omega_0) + \eta b L_d} \tag{10-9}$$

η 值则依赖于各项系统设计特性，如接收机 FOV、孔径、水质等，无法简单计算，需要与 MCNS 的结果进行拟合确定。

双指数模型与 MCNS 模拟数据的拟合误差可以用平均相对误差来衡量，即

$$E_{\text{error}} = E\left(\frac{\mid (I_{\text{model}} - I_{\text{sim}}) \mid}{I_{\text{sim}}}\right) \tag{10-10}$$

为了符合双指数模型的物理定义，同时在特定局部获得最小的平均相对误差，对两个指数项进行分别拟合，即第一个指数项与 MCNS 数据的前 5 个数据点进行拟合(衰减长度低于扩散距离的数据点)，第二个指数项与 MCNS 数据的后 4 个数据点进行拟合(衰减长度高于扩散距离的数据点)，然后把两个指数项加起来就是最终的拟合 MCNS 双指数拟合模型。

值得强调的是，双伽马模型和双指数模型这两个函数模型并不是对水下信道的通用理论建模，只是为了方便处理仿真数据而采用的对数据点的曲线拟合模型。

由 LED 发射出的光信号在水下受到吸收、散射和湍流引起的衰落影响而引起的严重衰减(程度远远超过大气光通信)，因此目前该系统的通信距离不超过 100m。此外，水下湍流的存在，将使得光信号强度受到服从正态对数分布的衰落的影响，由于水下信道存在多径，采用高灵敏度的检测器件 PMT 可以对抗吸收和衰落，因此对于水下远距离传输具有十分重要的研究价值。

10.2.3　水下可见光通信系统关键技术

水下可见光通信系统设计包括三项关键技术:Zero-Padding 信号传输;前端驱动电路设计;水下 VLC 语音传输的 FPGA 实现方案。

1) Zero-Padding 信号传输

(1) 信号传输与迫零均衡。

现在使用图 10-7 获得的信道脉冲响应即信道的 $h(t)$ 特性曲线进行信号仿真。为了进行离散化处理和简化计算量,将信道脉冲响应的拖尾低于 10^{-10} 的数据丢弃,设为 0 值。根据信号传输的符号速率,从截断后的 DGF 模型拟合曲线获得含有 P 阶信道系数的近似 FIR 信道模型,其时间域的信道特性矩阵表示为 $\boldsymbol{h} = [h(0), h(1), \cdots, h(P-1)]^T$,符号速率为 $R_s = 1/\Delta t$。

在不同符号速率下的三个信道的信道系数的阶数 P 如表 10-4 所列。

表 10-4　信道系数阶数 P

符号速率/MBuad	100	300	800	1200
信道 1(FOV=180°)	7	17	44	65
信道 2(FOV=40°)	5	11	27	40
信道 3(FOV=20°)	4	8	18	27

设 $\boldsymbol{h} = [h(0), h(1), \cdots, h(P-1)]^T$ 信道系数有 P 个。信号传输的时候是分块传输,每个信号块包含多个符号,单个信号块表示为 $x = [x_1, x_2, \cdots, x_{N_1}]$,每个信号块包含有 N_1 个符号,接收端的信号计算公式为

$$y = h \otimes x + n \qquad (10-11)$$

式中:$\otimes$ 为卷积运算符;y 为接收信号矢量,根据卷积运算规则每个信号块对应接收端的 y 包含 $N_1 + P - 1$ 个符号;n 为加性高斯白噪声矢量,均值为 0,方差为 σ^2。

为了消除分块传输时通过信道后产生的各个信号块之间的 IBI 和进行信号同步,在每个信号块末尾添加 L 个零信号,通过在传输的数据中每隔一定时间间隔补一定数量的零值信号,将长串数据分割成一个个数据块区间,来消除块与块之间的干扰,并降低每个数据块中信号检测的难度。

传输的信号块转换为 $\boldsymbol{s} = [s_1, s_2, \cdots, s_{N_2}, 0, 0, \cdots, 0]^T$,所以补零后 ZP 信号块传输系统模型可以写为

$$\boldsymbol{r} = \boldsymbol{H}\boldsymbol{s} + \boldsymbol{\xi} \qquad (10-12)$$

其中,单个发送信号块在接收端对应的 $\boldsymbol{r}$ 是一个 $(N_2 + L) \times 1$ 的接收信号矢量;$\boldsymbol{\xi}$ 是加性高斯白噪声矢量,均值为 0,方差为 σ^2;$\boldsymbol{H}$ 是根据 $\boldsymbol{h}$ 生成的一个 $(N_2 + L) \times N_2$ 的 Toeplitz 矩阵,Toeplitz 矩阵形式为

$$H = \begin{bmatrix} h(0) & 0 & \cdots & 0 \\ h(1) & h(0) & & 0 \\ \vdots & h(1) & \ddots & \vdots \\ h(P-1) & \vdots & \ddots & h(0) \\ 0 & h(P-1) & \cdots & h(1) \\ \vdots & \vdots & \ddots & \vdots \\ 0 & 0 & \cdots & h(P-1) \end{bmatrix} \quad (10\text{-}13)$$

如果 $P \geq L$，则相邻信号块的非零符号之间总会有互相叠加，即出现块间干扰。设信号块后添加的补零数目总是小于信道系数的阶数，即 $P \leq L$，则信号块之间的干扰全部分布于零点间隔，信号块的块间干扰不存在，即消除了块间干扰。但是补零数过多会有传输冗余，降低传输速率，因此在理想情况下一般令 $P = L$。在发射端由于信道块后面引入的末尾补零和信道卷积，在接收端每个信号块转换为 $(N_2 + P - 1)$ 个符号，末尾跟着 $(L - P + 1)$ 个零点，接收端每个信号块后多余的零点可以用于进一步分割信号，消除被忽略的较小的块间干扰。

因此发送的无限长度的数据块可以表示为

$$\begin{aligned} x = [&x(1), x(2), x(3), \cdots, x(N), 0, 0, \cdots, 0, \\ &x(N+L+1), \cdots, x(N+L+N), 0, 0, \cdots, 0, \\ &x(N+L+N+L+1), \cdots] \end{aligned} \quad (10\text{-}14)$$

最终接收到的数据可以表示为

$$\begin{cases} y = h \otimes x = [y(2), y(3), \cdots, y(N+P)] \\ y(N+P+1) = 0, \cdots, y(N+L+2) = 0, \\ y(N+L+2) = 0, \cdots, y(N+L+N+P) = 0, \\ y(N+L+N+P+1) = 0, \cdots, y(N+L+N+L+1) = 0, \cdots \end{cases} \quad (10\text{-}15)$$

从接收端的数据结构可以看到，根据信道系数和在每个数据块后的补零，能够保证数据块之间被分割开来，而补零的数目，即分割的距离，则可以根据接收端检测信号的难易度进行调整。接收端零点数量可表示为

$$\begin{cases} L - P + 1 = 0, (P = L + 1) & \text{没有零点} \\ L - P + 1 > 0, (L > P - 1) & \text{至少有一个零点} \end{cases} \quad (10\text{-}16)$$

最后接收信号块根据信道特性矩阵 H 采用 ZF(迫零均衡)来估计还原发送端信号数据。迫零均衡公式为

$$\hat{s} = H^+ r \quad (10\text{-}17)$$

(2) PAM-ZP 信号块传输设计。

光通信中发送端信号 $x = [x_1, x_2, \cdots, x_{N_1}]$ 一般采用 OOK 调制，这里为了在相同的符号速率下，提高传输比特率，一般采用 PAM 调制信号，设每个符号独立且随机取自于 2^{r_1} 阶 PAM 星座图，r_1 为每个符号包含的比特数。

M 阶 PAM 信号在 ZP 系统中,有 $2^{r_1} = M$,$k = r_1$。

以每个数据块为发射信号元,计算信噪比时应取平均发射功率为

$$P_s = \frac{EN}{M(N+L)} \tag{10-18}$$

式中:E 为每个信号的平均能量。对于一个 PAM-NON-ZP(非补零)分块传输系统,平均传输比特率计算公式为

$$\eta_1 = \frac{P}{\Delta t} r_1 \tag{10-19}$$

式中:Δt 为信道系数 h 的时间分辨率;P 为 h 在这段时间内部的抽头系数个数,即信道冲击响应的采样个数。而对于一个 PAM-ZP 分块传输系统,平均传输比特率计算公式为

$$\eta_2 = \frac{N_2 P}{(N_2 + L)\Delta t} r_2 \tag{10-20}$$

可以看到,ZP 会降低有效传输比特速率,尤其当信道存在强的时间扩散时,需要更多的补零数,L 增大,比特速率 η_2 降低。同时,当 PAM 信号的调制阶数确定后,ZP 系统的比特速率就由补零数 L 决定,而为了保证数据块之间的 ISI 只处于补零的那一区域,没有影响到有效信号区域,必须有 $L > P-1$。同时为了获得最高的传输速率,L 应该尽可能小,所以一般令 $L = P$。于是 ZP 系统的最高传输比特速率为

$$\eta_2 = \frac{N_2 P}{(N_2 + P)\Delta t} r_2 \tag{10-21}$$

式(10-20)可以变换为

$$B_0(P) = \frac{N \cdot k}{\frac{T}{(P+1)}(N+P)} \tag{10-22}$$

式中:T 为信道冲击响应的持续时间。

同理,可得到 M 阶 PAM 在 NON-ZP 系统的平均比特速率为一固定值,即

$$B(P) = \frac{k}{\Delta t} = \frac{k}{T/(P+1)} \tag{10-23}$$

对 P 求导得到 ZP 和 NON-ZP 系统随信道系数增加的比特速率的增长率为

$$\frac{\partial B_0(P)}{\partial P} = \frac{N(N-1) \cdot K}{T(N+P)^2} \tag{10-24}$$

进一步分析,当信号传输速率不断增加,即信道系数的阶数 P 不断增加,那么对于 NON-ZP 系统传输比特速率 η_1 是正比于 P 值趋于无穷大的,而 ZP 系统的最高比特速率会趋于一个定值,即

$$\lim_{P \to +\infty} \eta_2(P) = \frac{N_2}{\Delta t} r_2 \qquad (10-25)$$

同时对变量 P 值求导后,可以看到 NON-ZP 系统的比特速率增长率是固定的,系统随着信道系数的增加,比特速率可以稳定增长。而 ZP 系统的传输速率由于受补零长度的影响,随着符号速率的不断提高,比特速率的增长率会越来越小,并且存在上限。综上所述,比特速率是由调制方式、数据块长度和补零数目共同决定的。

2) 前端驱动电路设计

作为可见光信道的重要组成部分,LED 的频率响应特性决定了 VLC 的调制带宽,直接关系到数据传输速率大小。然而,LED 受其微观结构及光谱特性所限,调制带宽较低,目前商用 LED 的 3dB 带宽只有几兆赫兹,成为制约 VLC 高速发展的瓶颈。如何提升 LED 的频率响应、拓展其带宽,是实现高速可见光通信必须要解决的难题之一。在前端模拟电路部分,本系统通过前级预加重和后级均衡设计来拓展 EOE 信道调制带宽。

3) 水下 VLC 语音传输的 FPGA 实现方案

可见光通信将信息调制在光束的强度上,兼顾照明和通信,VLC 的信号和信道系数具有非负性,这使得在射频无线通信中的很多技术不能直接应用于可见光通信中。另外,可见光通信系统要求线路码型保证传输的透明性,减少高低频分量,能给光接收机提供足够的定时信息,并提供一定的冗余码。本系统结合 VLC 特点,基于 8B/10B 编码和 RS 编码设计了高速 VLC 的 FPGA 方案。

数字计算机不能直接处理连续信号,语音信号的采集和播放是语音信号处理的基础。麦克风输入的语音信号为具有一定频率和幅度的模拟信号,需要进行 A/D 转换,以一定的频率对模拟信号进行采样,将采样的不同幅度的模拟信号量化为相应的数字信号,才可在芯片中对语音信号进行一系列的处理,保证信号稳定保存和传输。同样,在输出端需要进行 D/A 转换,将芯片中保存处理的数字信号转化为模拟信号,才可以转化为人耳听到的声音。本系统基于通用高性能的音频芯片 WM8731 完成语音信号的转换和处理。

10.3 水下 VLC 系统语音和传输模块设计

10.3.1 可见光通信前端电路总体结构

OOK 作为可见光通信调制方式中实现复杂度最低的一种,在可见光通信走向实用的过程中自然受到人们的关注。然而,由于作为灯源的伪白色 LED 灯珠传输带宽通常只有几兆赫兹,在其上应用 OOK 这种简单但频带利用率低的方式,不能满足高速传输的要求。因此,实际使用中需结合前级预加重和后级均衡技术来进行 EOE 信道带宽的拓展。由于水下信道环境复杂,在实现远距离可将光通信过程中,接收到的光信号衰减很大,需要将接收信号进行放大才可被可靠接收。

基于这样的考虑,在传统可见光通信驱动/接收电路两部分分别加入相应的改进电路。其中,前级预加重电路针对所测得到的 EOE 信道特性进行设计,通过在发送端预先抑制低频分量、放大高频部分,来折中拓展 EOE 信道的 3dB 带宽;接收端则用信号放大电路来有效增强接收端的远距离接收能力。前端电路整体框图如图 10-8 所示。

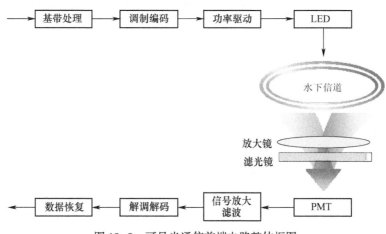

图 10-8　可见光通信前端电路整体框图

10.3.2　可见光通信发送前端电路设计

图 10-9 为发送端硬件实物图,主要需要处理发射 LED 灯的调制,可采用均衡电路和预加重电路来增加调制带宽。

图 10-9　发送端硬件实物图

在可见光通信系统中,信道的严重不平坦性给高速数据传输带来了很大的障碍,在 LED 发射端需要采用预均衡电路对 LED 的频率响应进行补偿,从而提高系统的调制带宽。为了获得更高速率的前端电路,使用了中科院半导体所研制改进的 LED 灯珠。这种灯珠额定工作电流 200mA(电压 2.0V 左右),在不使用任何均衡电路的情况下,经实测,其有效 3dB 带宽为几兆赫兹,信道特性在高频部分滚降严重。

为了有效补偿信道损失,针对所测得的信道特性,采用前级预加重电路结构如图 10-10 所示。该电路含三级放大结构,其中:前两级共射极放大电路结构相同,主要用于实现所需的均衡效果,并使输出信号同相;第三级则主要用于增强电路驱动能力。在第一级电路中,通过调整 R_4、R_5、C_2 的参数,可以获得的增益效果近似为

$$|A_{v1}(j\omega)| = \frac{R_3}{R_5}\left(1 + \frac{\omega R_4 C_2}{\sqrt{1 + \omega^2 R_5^2 C_2^2}}\right) \tag{10-26}$$

通过调整 R_4、R_5、C_2,以及 R_9、R_{10}、C_4 的值,可以灵活得到所需的预加重效果。

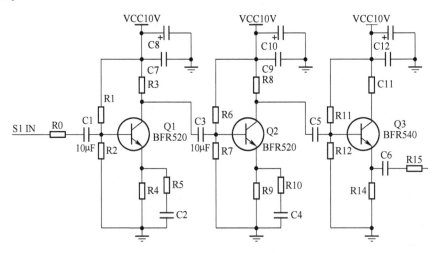

图 10-10 前级预加重电路结构

10.3.3 可见光通信接收前端电路设计

接收端硬件实物图如 10-11 所示,主要需要的硬件电路为接收处理电路和电源电路。因 PMT 和 FPGA 工作电压不一致,前者为 12V,后者为 5V,所以需要电源电路将输入的电压进行处理,以供不同模块正常使用。接收处理电路主要用来改善所接收信号,以供 FPGA 做后续处理。

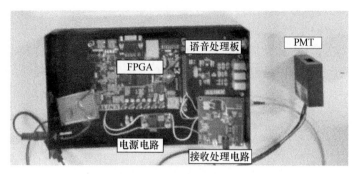

图 10-11 接收端硬件实物图

1) 接收器件 PMT

光在水下传播会受到衰减,光照强度越来越弱,要实现水下远距离通信,接收端必须具有能够检测微弱光信号的能力,而 PMT 就是一种能将微弱的光信号转换成可测电信号的光电转换器件,其无论在灵敏度、响应速度、噪声系数还是动态范围上都遥遥领先于其他的光传感器件。PMT 是一种真空器件,它由光电发射阴极(光阴极)和聚焦电极、电子倍增极及电子收集极(阳极)等组成。典型的光电倍增管按入射光接收方式可分为端窗式和侧窗式两种类型。图 10-12 所示为端窗型 PMT 倍增管的剖面结构图。

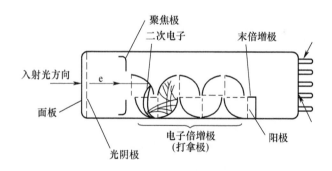

图 10-12 PMT 的剖面结构图

当光照射到光阴极时,光阴极向真空中激发出光电子。这些光电子按聚焦极电场进入倍增系统,并通过进一步的二次发射得到的倍增放大,然后把放大后的电子用阳极收集作为信号输出。

因为采用了二次发射倍增系统,所以在所有探测紫外、可见和近红外区的辐射能量的光电探测器中,PMT 具有极高的灵敏度和极低的噪声。另外,PMT 还具有响应快速、成本低、阴极面积大等优点。

2）接收处理电路

接收处理电路主要包含接收端前置放大电路和接收端均衡电路。

在可见光通信中,随着传输距离的增大,接收端接收到的信号越来越微弱,信噪比越低,对于后续电路处理的难度也就越大。因此,对于较弱信号的检测,前置放大起到的作用至关重要。本设计采用图 10-13 所示放大电路对接收的微弱信号进行放大。

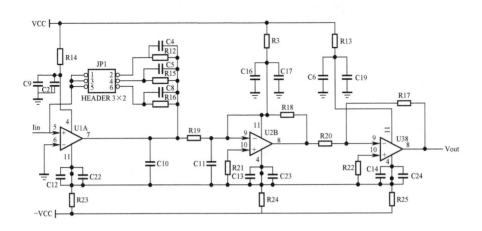

图 10-13　PMT 接收端微弱电流转换与放大电路

本设计中微弱电流转换与放大电路由 3 级运放组成:第一级 U1 为 I/V 转换电路,反馈电阻 R_f 和反馈电容 C_f 可以通过 JP1 的跳线进行选择,根据需要选择 R12 和 C4、R15 和 C5、R16 和 C8 三组中的一组;U2 和 U3 为两级电压放大级,各放大 10 倍左右。由于 PMT 出来的是负极性电流,因此放大后的电压 V_{out} 为正极性电压。下面对此 I/V 转换电路加以说明。

I/V 转换电路的作用是将被测的微弱电流信号转换为电压信号。输入电流 I_{in} 为 PMT 阳极输出电流,加至运算放大器的反相输入端,输出端与反向输入端之间接高阻值的反馈电阻 R_f 和反馈电容 C_f,运算放大器同相端接地。这样,第一级运放的输出为 $V_{01} = -I_{in}R_f = -I_p R_f$。

(1) 运算放大器的选择。

运算放大器应该近似为理想的运算放大器,才能满足前面的假设条件,这就要求其开环放大倍数和输入电阻应为无穷大,这才能保证输入端工作电流为 0,也要求输出电阻为无穷小,这才能保证输出电压不随下级负载而变。同时,还要选择零点偏移小、温度漂移小、噪声电压小的运算放大器件。运算放大器最好选零点偏移小、无外部调零的器件。

(2) 反馈电阻 R_f 的选择。

输出电压既不能太小也不能太大,应该根据器件情况选一个合适的值。输出电压太小,不仅容易受到噪声信号的干扰,而且会增加下级放大器的负担。通常要求输出电压应比运算放大器的噪声电压至少大于两个数量级或更大。如果输出电压太大,必然要增大反馈电阻 R_f,同时要增大对运算放大器性能的要求。如果反馈电阻 R_f 过大,则其稳定性变差,容易造成干扰,测量时间也变长,同时反馈电阻的选取和测量也变得十分困难。综上所述,可将 I/V 转换电路的输出电压设定在 50~100mV 之间是比较合适的,然后选择相应的反馈电阻 R_f。

(3) 反馈电容 C_f 的选择。

对于并联负反馈放大器,反馈电阻 R_f 折算到输入端的等效输入电阻 R_{sf} 为 $R_f(1+|k|)^{-1}$,反馈电容 C_f 等效到输入端时相当于 $(1+|k|)^{-1}$。设输入端的分布电容为 C_0,R_f 两端的分布电容为 C_{f0},由于 C_{f0} 较小约为 1pF,C_0 约为 10pF,而反馈电容 C_f 取值通常为几十到几百皮法,以及 $|k| \gg 1$,输入端总的等效输入电容 $C_{sf} = (1+|k|)(C_f + C_{f0}) + C_0 \approx (1+|k|)C_f$,输入端的时间常数 $\tau = R_{sf}C_{sf} = R_f C_f$。由于输入端输入电阻和输入电容的积分作用,当有信号输入或变化时,输出信号要经 5τ 的时间才能达到稳定,即测量时间。如果 $R_f = 1\text{M}\Omega$,$C_f = 10\text{pF}$,则达到稳定输出所需的时间 0.05ms。反馈电容 C_f 起积分作用,可抑制或平滑噪声的干扰。C_f 越大,抑制噪声的能力就越强,但要降低响应速度,要权衡考虑其取值。其实 C_f 还有补偿输入端分布电容的作用,以防出现振荡现象。

如图 10-14 所示,接收端通过采用常规的 TIA(MAX3665)和 Amp(ADA4937)组合电路结构来实现光信号的恢复。同时,为了增强接收电路的高频响应能力,可加入有源后级均衡电路。其中,第二级为所用的后级均衡器。该电路的幅频响应表达式近似为

$$\| H_A(j\omega) \| = \frac{RF_1}{R_1}\sqrt{1 + \omega^2 R_1^2 C_1^2} \qquad (10\text{-}27)$$

因此,随着信号频率的上升,接收端对信号的放大效果越好(理想情况)。然而,由于接收端检测到的光信号信噪比有限,接收部分的后级均衡所能获得的改进效果并不理想。

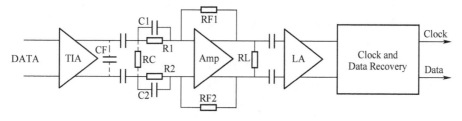

图 10-14 含后级均衡的接收端电路

鉴于发送端考虑的是 OOK 调制方式，因此，接收端通过采用一级限幅放大器电路（MAX3768），即可实现对接收信号的硬判决。同时，为了方便后续数字电路的处理，在限幅放大器的后面还使用了一级时钟数据恢复电路（ADN2816），意在通过该部分电路实现对接收信号的位同步。

10.3.4　语音信号 AD/DA 转换电路

为了在复杂的水下信道环境下获得高质量的语音通信，本节选用 WM8731 音频芯片，如图 10-15 所示。通过配置 WM8731 音频芯片的内部寄存器，实现对语音信号的相关处理和控制，完成语音通信。

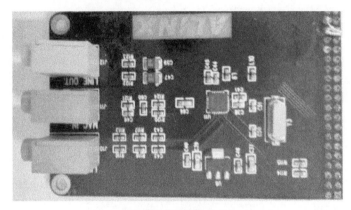

图 10-15　语音芯片

1）WM8731 芯片调节语音信号原理

WM8731 是 Wolfson 公司开发的一款高性能低功耗 24bit 音频解码芯片，它拥有可控采样频率和可选择滤波器的特点。WM8731 包含两路线路输入、麦克风输入和线路输出，可以对输入输出音频信号进行控制。

（1）片内内置 24bit 模数转换器（ADC）、数模转换器（DAC）和可选择的高通数字滤波器。数字音频信号输入字长为 16~32bit，支持的采样率范围为 8~96kHz。

（2）WM8731 具有低功耗的特点，其数字部分和模拟部分的最低电压要求分别为 1.42V 和 1.8V。WM8731 通过配置内部寄存器可以选择不同节电模式，为用户提供不同的功耗方案。

（3）WM8731 可以产生不同的采样率对音频信号进行采样。通过配置内部寄存器，配合 12.288MHz 和 18.432MHz 两种主时钟输入，在常规模式下该器件可以产生 44.1KHz、48kHz 和 96kHz 等多种采样率。

WM8731 内置了 ADC 和 DAC，并且连接着数字滤波器。整个芯片包括两个接口部分,分别是控制接口和数字音频接口。控制接口通过2线或3线模式对芯片的内部寄存器进行配置;数字音频接口通过采样时钟控制着音频信号的输入和输出。

2) WM8731芯片内存器配置

WM8731的控制接口有4根引脚,分别是控制模式选择线(MODE)、数据锁存线或地址选择线(CSB)、数据传输线(SDIN)和串行时钟输入线(SCLK)。可通过设置MODE引脚的状态对控制模式进行选择。MODE状态为0时是2线控制模式,MODE状态为1时是3线控制模式。无论MODE引脚的状态如何,SDIN上的数据都是串行传输的。本节采用2线模式即采用I2C总线控制模式对WM8731进行控制。

I2C总线的起始和停止条件有特殊的规定。I2C总线的起始条件表现为:SCLK保持高电平期间,SDIN线从高电平下降到低电平。I2C总线的停止条件表现为:SCLK保持高电平期间,SDIN线从低电平上升到高电平。I2C总线控制器每次传输24bit数据,其中:前8bit数据代表从设备地址SLAVE_ADDR(R_ADDR),为34H;中间8bit是从设备内部寄存器地址SUB_ADDR(DATA B15-8);最后8bit是内部寄存器的控制字。由于WM8731内部寄存器的地址是用7bit二进制数表示的,与I2C串行总线的数据格式定义不一致。因此,在实际传输时,用SUB_ADDR的前7bit作为寄存器地址,第8bit作为内部寄存器控制字的最高位。

本节中每个寄存器的配置使用33个I2C时钟周期完成。第1个时钟周期初始化控制器,第2、3个时钟周期完成I2C总线控制器的起始条件,启动传输,第4~30个时钟周期传输数据(包含24bit寄存器配置数据和3个应答信号ACK),最后3个时钟周期用于终止传输。I2C总线时序图如图10-16所示。

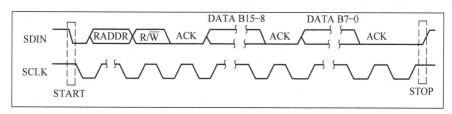

图10-16 WM8731 I2C总线时序图

根据芯片数据手册提供的信息,WM8731音频芯片内部共有10个工作寄存器,对应的地址0000000b-0001001b。在进行语音数据传输前,应当先对内部寄存器进行相应配置。因为I2C以串行方式传输数据,所以内部寄存器的配置需依次进行。在某一特定时间点,只能先传输一个寄存器的控制字,当该寄存器配置结束后,再配置其他寄存器。使用Verilog硬件描述语言将WM8731音频编解码芯片寄存器配置数据存储在查找表LUT_DATA中,LUT_DATA中的数据为16bit,包括内部寄存器的地址和相应寄存器的值。

3) 可见光通信中语音数据传输控制

WM8731音频编解码芯片内部寄存器配置结束后,该芯片将处于预定的工作状态。由于在音频数据传输时,音频数据格式有4种模式:左对齐、右对齐、I2S和DSP模式。因此,要对紫外光通信中的语音数据格式进行设定。本节设语音数据位数为16bit,WM8731音频数据格式为左对齐模式,该模式音频数据传输时序图如图10-17所示。

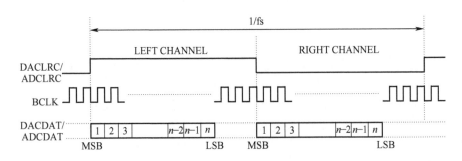

图10-17 左对齐模式音频数据传输时序图

左对齐模式中,当ADCLRC或DACLRC发生改变后,BCLK第一个脉冲上升沿最高有效位(MSB)有效。其中,DACLRC和ADCLRC为帧时钟,用于切换左右声道的数据,其时钟频率与采样频率相等;BCLK为位时钟,即对应数字音频的每一位数据。由于在配置WM8731内部寄存器时设定采样频率为48kHz,则BCLK的频率为

$$f_{bclk} = 2f_s\mu = 1.536\text{MHz} \tag{10-28}$$

式中:f_s为采样频率;μ为采样位数。

设定WM8731工作在主模式下时,为产生BCLK,WM8731音频编解码芯片需要18.432MHz的时钟输入,但时钟分频的方法并不能生成精准的频率为18.432MHz的时钟。因此,本节采用Xilinx公司提供的时钟管理单元(DCM)设定上述频率,完成设计要求。

可见光通信系统收发单元一般使用相同波长的光源,这要求在某一特定时间点语音只能一个方向传输。以两个用户A、B通信为例,设A是主站,B是从站,锁定A时钟,保证A,B时钟一致。

由于A、B两用户使用的光源波长相同,这决定了双方不能同时发送语音信号,以避免语音信号发生串扰。因此,A、B发送的数据必须在时间上错开,当A用户发送语音信号时可以先将B用户在这一时间段内发送的语音数据存储起来,在下一时间段再发送,时间间隔可由通信双方的距离和存储单元的大小来设定。为

实现这一过程,使用 Verilog 硬件描述语言设计了异步 FIFO 存储器。异步 FIFO 存储器是一种在不同时钟域之间以先进先出方式进行数据传递的存储器。

10.4　水下 VLC 系统数据处理模块设计

现场可编程门阵列(Field Programmable Gate Array,FPGA)是在 PAL、GAL、CPLD 等可编程器件的基础上进一步发展的产物。FPGA 一般包含可编程逻辑功能块、可编程输入/输出接口和可编程互联资源这三种基本资源。随着制造加工工艺的进步和应用需求的提升,还可能包含以下资源:存储器(块 RAM、分布式 RAM);算数运算单元(乘累加器、高速硬件乘法器);数字时钟管理单元(分频/倍频、数字延迟、时钟锁定);多电平兼容的 I/O 接口;高速串行 I/O 接口;特殊功能模块(IP 核)。本节综合功能和成本考量选用 Xilinx 公司的 Spratan-6FPGA。

程序设计使用 Verilog HDL 语言,基于 ISE 14.7 环境开发。ISE 是 Xilinx 公司的综合性 FPGA 开发软件,支持 VHDL、VerilogHDL 及 AHDL 等多种设计输入形式,可以实现从设计输入硬件配置的一套完整设计流程。Verilog HDL 以文本的形式描述数字系统硬件的结构和行为,是硬件描述语言的一种。它可以表示逻辑电路图,还可描述数字系统所完成的逻辑功能,成为当今较为流行的两种硬件描述语言之一。

整个程序设计的思路按照发送和接收两部分来实现,通过编写 Verilog HDL 程序完成。

10.4.1　音频数据采样与恢复

mywav.v 模块完成对 WM8731 配置数据的准备,包括器件地址、寄存器地址、寄存器数据等。由于开发板上的 WM8731 已经被配置为只写模式,所以器件地址固定为 0x34h。当配置数据准备好后,通过 w_en 信号通知 u_audio_i2c 模块开始 I2C 传输。当 u_audio_i2c 模块检测到 w_en 信号上升沿,通过状态机完成一次 I2C 传输,配置一个寄存器数据,完成后通过 w_over 信号通知 u_audio_control 模块转到下一个寄存器进行配置。u_audio_interface 模块产生音频主时钟 mclk、采样时钟 adc_clk/dac_clk 及位时钟 bclk。mclk 为驱动 WM8731 的主时钟,设计中 mclk = 12.5MHz,采样时钟为 48kHz,位时钟 bclk = 6.25MHz。模块完成一次采样,得到 48bit 数据,其中左声道(adc_clk/dac_clk = 1)16bit,右声道(adc_clk/dac_clk = 0)16bit。通过配置数字音频总线格式寄存器,选择 I2s 左对齐格式,数据在 adc_clk/dac_clk 下降沿后的第一个 bclk 上升沿开始采样,并且高位在前。

10.4.2 曼彻斯特编/解码

Man_code.v 模块实现曼彻斯特编码(Manchester Encoding),也称为相位编码,如图 10-18 所示,是一种典型的自同步法,能从数据信号波形中提取同步信号的方法。在曼彻斯特编码中,每一位的中间有一跳变,位中间的跳变既作时钟信号,又称为数据信号;从高到低跳变表示"1",从低到高跳变表示"0"。

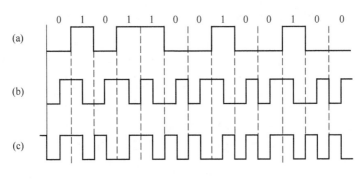

图 10-18 曼彻斯特编码

10.4.3 同步头设计

add_synheader.v 模块为同步头设计,采用 M 序列,即 De Brujin 序列,是目前广泛应用的一种伪随机序列。在此处,选择 64bit M 序列作为系统的同步序列,用于在波形失真的情况下寻找最佳采样点和数据开始位置,如图 10-19 所示。

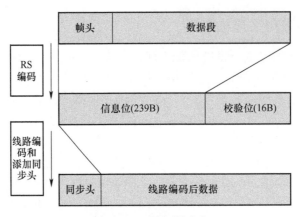

图 10-19 添加同步头

10.4.4 Zero-Padding 信号的调制和解调

根据信号传输的符号速率,从截断后的 DGF 模型拟合曲线获得含有 P 阶信道系数的近似FIR信道模型,为了消除分块传输时,通过信道后产生的各个信号块之间的IBI和进行信号同步,在每个信号块末尾添加L个零信号,通过在传输的数据中每隔一定时间间隔补一定数量的零值信号,将长串数据分割成一个个数据块区间,来消除块与块之间的干扰,并降低每个数据块中信号检测的难度。

接收信号块根据信道特性矩阵H采用ZF(迫零均衡)来估计还原发送端信号数据。迫零均衡公式为

$$\hat{s} = H^+ r \tag{10-29}$$

10.4.5 数据恢复

时钟数据恢复允许接收器将输入的数据流中的时钟或数据提取出来。通常,接收器从到来的数据流中提取数据,并将这些数据送到一个单独的时钟域中,然后把这些提取的数据送到FIFO做进一步的处理。有时,接收器的时钟也用作数据的前向传输。数据恢复的速度受到延迟锁定环(Delay Locked Loop,DLL)所能接受的最大时钟的限制。

1) 解同步

deysn.v模块完成解同步。为了对抗可见光通信信道的非线性,在解同步时,接收端将采样速率设置为OOK速率的8倍。首先,用已知的同步序列对接收信号进行滑动相关处理,得到最大的相关值之后,即认为该位置对应的采样点为最佳采样点,与此同时,也找到了编码后数据的起始位置。为了避免毛刺,在解调时,选取最佳采样点周围的2个采样点和最佳采样点进行联合判决。

2) 数据恢复

top_CDR.v模块实现接收端数据恢复,如图10-20所示。系统时钟输入一个DLL单元。DLL的CLK为同步电路提供时钟,同时反馈回DLL。DLL的另一个输出(CLK90)延迟1/4周期后与原时钟同步。FPGA提供了多个数字时钟管理器(DCM),DCM模块可提供CLK及CLK90输出,其中CLK90为CLK相移90°后的输出,两个输出是完全同步的。

4个触发器,其中两个触发器由CLK作为计数时钟(一个用CLK的上升沿,一个用CLK的下降沿),另外两个由CLK 90作为计数时钟(一个用CLK90的上升沿,一个用CLK90的下降沿),如图10-21所示。这里特别要注意:保证从输入引脚到4个触发器的延迟基本一致。要使延迟保持一致,可对设计的时钟网络设置MAXSKEW参数。

图10-21中的第一列触发器的触发分别由时钟CLK的上升沿、时钟CLK90的上升沿、时钟CLK的下降沿及时钟CLK 90的下降沿触发。按照这样的方式来触发就可以得到4个数据采样点,即图10-21中所示的A、B、C、D四个点。这样就将原始时钟周期分成了4个单独的90°的区域,在这里定义4个区域为4个不同的

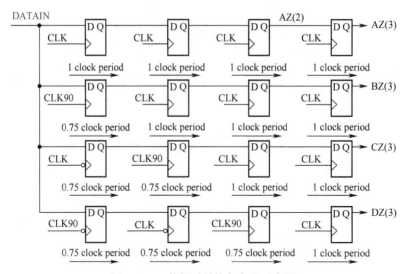

图 10-20　数据时钟恢复各段示意图

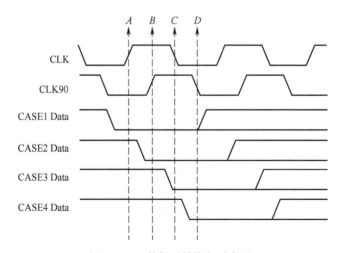

图 10-21　数据时钟恢复时序图

时钟域 a、b、c、d。这样,如果系统时钟为 200MHz,那么图 10-20 所示的电路就相当于产生了 800 MHz 的采样速率。但是仅仅通过一阶的触发器,输出的采样数据存在亚稳态的问题,因此需对采样点作进一步的处理。这里可将 4 个采样点通过进一步的触发,除掉亚稳态的问题,从而使样点移到下一个相同的时钟域。通常,亚稳态的去除要经过两三级的处理,这就使得在有效数据输出前会有数位无效的数据,但此时 DCM 的 locked 并未锁定,因此可由此信号来指示输出数据的有效性。在数据采样的第一个阶段,电路检测数据线上数据的传输。当检测到有数据传输时,对传输数据的有效性进行确认。确认数据有效后,输出高电平来指示采样点有数据传输。因为有 4 个输出,所以需要一个复用器来选择数据。复用器从选定的时钟域中选择数据位,如检测电路确定从时钟域 a 中采样的数据有效,那么将通过输出端输出时钟域 a 中采样的数据。

10.5 系统测试与误差分析

10.5.1 平台搭建

本测试系统平台采用蓝光 LED 和 PMT 分别作为发送和接收终端设备,分别用直流电源供电。由于水下实验环境较难实现,故系统的实际测量还选取了与水下环境相似的大气环境进行测验,水下、大气实验测试平台搭建分别如图 10-22 和图 10-23 所示。

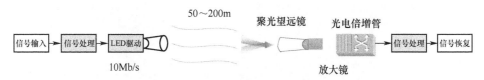

图 10-22 水下实验测试平台搭建

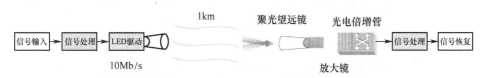

图 10-23 大气实验测试平台搭建

实验场地:①水体实验场地,采用为高 1m、宽 0.8m 的水池作为水下实验场地,水池中注满水来模拟水下环境;②大气实验场地,距离约 1km 的空旷路段。

实验器材:可见光语音收发设备,直流电源,信号发生器,话筒,耳机,数字可存储示波器(Agilent,DOS9064A),笔记本电脑。

10.5.2 硬件和软件测试评估

1) 波形测试

(1) 水体通信测试:水体通信实验平台,如图 10-24 所示。
在发端发射波形,并在接收端使用示波器观察波形,如图 10-25 所示。
(2) 大气实验测试:大气实验测试中,实验平台如图 10-26 所示。

图 10-24 水体通信实验平台

图 10-25 示波器接收波形

图 10-26 大气远距离光通信实验平台

在大气实验测试中,分别对不同的距离进行了测试,如图 10-27～图 10-30 所示。

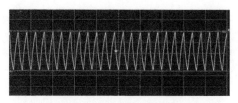

图 10-27　300m 波形测试

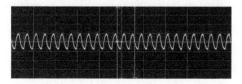

图 10-28　700m 波形测试

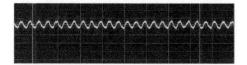

图 10-29　1.2km 波形测试

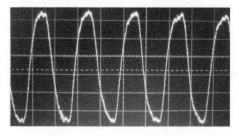

图 10-30　1.2km 语音测试

2) 误码率测试

为了测试系统的误码率,在发送端循环发送 64bit 已知序列,在接收端插入 ILA 核,将接收恢复的信号与发送端序列做比对。通过 ISE 的 ChipScope 观察内部信号,若接收信号序列和发送一致便起来一个 match 匹配信号,正常无误码的情况下,应该是每隔 64 个时钟周期,match 信号起来一次。如图 10-31 所示为测试采样深度数据内数据全部匹配,没有误码。图 10-32 圆圈标注处少了两个 match 信号,说明序列中有错误接收码元,数据没有匹配上。

图 10-31　误码性能测试结果

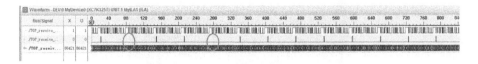

图 10-32 误码性能测试结果

通过编辑程序统计单位时间内没有匹配上的次数和总次数相除,多次实验取平均值,算出误码率为 10^{-3} 级别,可以满足语音通信需求。

3) 主要问题分析

(1) 光学聚焦问题。

水中通信信号散射较强,接收端光源较散,不易对光;在水中进行通信实验会有湍流,对实验造成干扰。

(2) MOS 管自锁问题。

温度随着测试时间,逐渐上升,导致 MOS 管自锁;在发送端驱动电路上加散热,MOS 管自锁现象得到改善。

(3) 传输速率问题。

LED 驱动电路发送速率为 1Mbit/s,提升速率,MOS 管开关速率无法匹配,若想提高发送速率,需更换开关频率更高的 MOS 管。该类型的 MOS 管市场上需求不大,不易找到匹配的器件。

(4) 驱动电源形式问题。

LED 驱动只能用开关电源的模式,若用 BIAE-TEE 模式,则 PMT 会被发出直流信号饱和,无法接收信号。

(5) 背景噪声问题。

背景光线会对接收信号造成影响。

(6) LED 灯芯问题。

用 LED 灯芯为 12V\13W,Gree 白光灯芯,灯芯尺寸为 2.5mm×2.5mm,原装灯芯尺寸为 1mm×1mm,由此可见原装灯芯聚光效果更佳(原装灯芯为 4V,不可用),若能定制 12V\13W,尺寸为 1mm×1mm 的灯芯,效果更佳。

10.6 总结与展望

为实现水下高速通信,打破现有水声通信技术局限,研发了中近距离的水下无线光通信技术。在实际系统设计时,突破现有思维,将新型高灵敏度器件作为接收器,实现了绿色、安全、高速的水下无线光通信系统。

本系统包括硬件设计和软件设计两个方面。硬件设计主要包含三个模块:

①通过前端模拟电路设计拓展可见光调制带宽;②结合可见光特点设计可见光通信的 FPGA 具体实现方案;③基于 PMT 的接收电路设计。本系统融入可见光通信技术,克服技术局限,实现了 1Mbit/s 的水下无线光通信,预期可拓展到 10Mbit/s,具有广阔的市场前景。

(1) 克服原有水下通信桎梏,实现高速水下无线通信。打破原有传统水下声通信的速率限制,使得在中近距离内的水下通信速率大幅提高,并为水下航行器间通信和水下通信网络的实现提供了基础。

(2) 实现水下通信设备的高集成化。传统声呐设备体积庞大,成为水下无线、无人航行器的负担,更使水下工作人员便携式无线通信设备的实现成为泡影。而 LED 驱动电路和 PMT 接收模块,均有功耗低、体积小、重量轻的特点,不但可以减轻水下航行器的承载负担,更可以实现水下工作人员间的无线手段。

(3) 安全绿色,应用前景广泛。类光通信不会对传统无线通信进行干扰,且可见光频段对生命体安全无害,可以用于传统无线通信受限的场所。而高灵敏度接收器件的采用,也拓展了自由空间光通信的距离,并提高了产品的鲁棒性。因此本系统具有广泛应用场景,可以用于室外交通、医院、机舱内部等场所。

本系统创意源于生活,高于生活,用于生活。由于新型的水下无线光通信技术应用发展并不成熟,在系统开发过程中出现很多问题。然而,创新团队迎难而上,拓展思路,充分交流,分工合作,最终克服困难。创意的构思让团队学会了换位思考,只有从用户角度去分析问题,才能得到最简洁、最人性化的产品设计。系统研发过程进一步锻炼了团队发现问题解决问题的能力。本技术研发不止步于竞赛,团队会本着科研的态度进一步完善系统,科研无止境,创新无界限。